高校生のためのアドラー心理学入門

活出自我的勇气

努力成就自我的心理课

［日］岸见一郎◎著

渠海霞◎译

机械工业出版社

CHINA MACHINE PRESS

本书作者以阿德勒心理学为基础，论述了年轻人如何学会独立思考、自主判断，健康成长为一个可以依靠自己力量独立生存的人。针对如何认识自我、改变自我和完善自我，本书分别从"你知道什么""关于性格""随时可变""如何与他人相处""怎样度过人生"进行了论述。第一章"你知道什么"指出了人类认知的有限性与可能性，强调了认识自己的重要性，从而帮读者树立认识自我、改变自我、完善自我的勇气与信心。第二章"关于性格"则详细论述了性格的诸多方面，明确指出了人际关系中所展现出来的性格并非与生俱来，而是个人为了达成某种目的而做出的选择。第三章"随时可变"分析了一个人不喜欢自己的危害，以及如何喜欢上自己。第四章"如何与他人相处"讲述了与他人相处的方法。第五章"怎样度过人生"论述了人们应如何正确处理理想与现实之间的关系，努力活出自我。

Original Japanese title: KOKOSEI NO TAME NO ADLER SHINRIGAKU NYUMON

Copyright ⓒ 2014 Ichiro Kishimi

Original Japanese edition published by Arte Publishing Inc.

Simplified Chinese translation rights arranged with Arte Publishing Inc. through The English Agency (Japan) Ltd. and Shanghai To-Asia Culture Co., Ltd.

北京市版权局著作权合同登记　图字：01-2021-5290号。

图书在版编目（CIP）数据

活出自我的勇气：努力成就自我的心理课／（日）岸见一郎著；渠海霞译. —北京：机械工业出版社，2022.10（2024.11重印）
ISBN 978-7-111-71557-3

Ⅰ.①活… Ⅱ.①岸…②渠… Ⅲ.①人生哲学-青年读物 Ⅳ.①B821-49

中国版本图书馆CIP数据核字（2022）第165673号

机械工业出版社（北京市百万庄大街22号　邮政编码100037）
策划编辑：坚喜斌　　　　　责任编辑：坚喜斌　刘怡丹
责任校对：薄萌钰　李　婷　责任印制：李　昂
北京联兴盛业印刷股份有限公司印刷

2024年11月第1版第3次印刷
145mm×210mm·6.375印张·1插页·97千字
标准书号：ISBN 978-7-111-71557-3
定价：55.00元

电话服务　　　　　　　　网络服务
客服电话：010-88361066　机 工 官 网：www.cmpbook.com
　　　　　010-88379833　机 工 官 博：weibo.com/cmp1952
　　　　　010-68326294　金 书 网：www.golden-book.com
封底无防伪标均为盗版　机工教育服务网：www.cmpedu.com

译者序

　　青少年阶段是人生观、价值观和世界观形成的重要时期。这一阶段的孩子已经具备一定程度的独立思考能力，但同时也具有心理方面的不稳定性与生活方式方面的可塑性。如何在青少年阶段对社会、他人和自己形成一种恰当的认知，直接关系到一个人今后的人生发展与走向。因此，如何引导处于这一阶段的孩子正确认识自我及自我与社会、他人之间的关系，是家庭、学校和相关部门的一项无法回避的任务与责任。

　　日本阿德勒心理学研究专家岸见一郎致力于阿德勒心理学研究与实践多年。在此基础上，他特别为青少年撰写了本书，希望帮助正处于极强可塑时期的年轻朋友学会独立思考、自主判断，健康成长为一个可以依靠自己力量独立生存的人。其中，岸见一郎首先着重声明了一点：不管之前的人生发生了什么，它都不会对今后的人生选择产生任何影响。因此，虽说本书是作者特别为年轻人撰写的，但其内容实际上适合任何一个想要认识自我、改变自我和完善自我的读者，与处于哪个年龄段并无太大关系。事实上，无论我们处于哪个年龄段，只要想去改变自我，就永远不晚，关键是要下定决心并找到正确的方式方法，而本书恰恰可以为我们提供一些极好的参考。

本书分为五章，分别是"你知道什么""关于性格""随时可变""如何与他人相处"和"怎样度过人生"。在第一章"你知道什么"中，作者首先指出了人类认知的有限性与可能性，并强调了认识自己的重要性。该章对"善（有好处）"的独特论述向读者展示了一个审视自我及自我与社会、他人关系的崭新视角，有助于大家树立认识自我、改变自我、完善自我的勇气与信心。第二章"关于性格"则详细论述了性格的诸多方面。在这一章中，作者明确指出了人际关系中所展现出来的性格并非与生俱来，而是个人为了达成某种目的而自己做出的选择，并分析了性格与幸福的重要关联。虽然作者认为性格是由个人自己选择的，但依然有一些来自家庭与社会的因素会对其形成产生一定影响，并且有时候这种影响还相当巨大。不过，作者仍强调性格最终还是一种自我选择，也正因如此，才有改变的可能性。在第三章"随时可变"中，作者分析了一个人不喜欢自己的危害，以及如何喜欢上自己。在作者看来，喜欢上自己是正确处理自己与他人、社会、世界之间关系的重要前提。一个能够勇敢致力于各种人生课题的人肯定是一个喜欢自己的人，也只有这样的人才能恰当处理自己与他人、社会和世界之间的关系，才有可能成为一个幸福生活者，继而为世界做出应有贡献，带来良好影响。而要想做到这一点，人就必须尽力摆脱自我中心性，摒弃对他人评价的过度依赖，加强独立思考能力，培养独立生存意识，做一个自信、乐观、对自己命运有一定掌控力的人。正如阿德勒反复提到的"人的烦恼皆源于人际关系"一样，如何与他人相处是每个人都不得不去面对的人生课题。因此，作者在第四章具体论述了"如何与他人相处"，并着重强调了在与他人相处时停止竞争、保持平等、重视课题本身之解决的重要性。同时，岸见一郎还指出要勇敢而恰当地表达自己的主张，不要害怕失败，也不要将责任推给父母，要尽力去做自己命运的主人。第五章"怎样度过人生"，在指出"人生实苦"的基础上重点论述了如何正确处理理想与现实之间的关系，既要使自己的眼界和心胸高于现实、超越现实，又要基于现实脚踏实地地"过好当下"，真实地活出自我，尽力享受人生喜悦，活出一个精彩人生！

　　总之，无论是青少年还是其他年龄段的人，都要尽可能地保持一颗会做梦的纯真之心，要看到现实之上的理想之美，也要善于发现当下的精彩与可能，努力做一个既懂得抬头仰望天空也能踏实行走于大地之上的人，也就是既要懂得超越现实又要努力活出真实！

聊城大学外国语学院教师，
北京师范大学文学院在读博士
渠海霞
2022 年 4 月 29 日

前　言

　　生活在公元前 5 世纪的古希腊哲学家苏格拉底被以给年轻人造成恶劣影响为理由判处死刑。因为那样的事情被判处死刑，在现代的我们看来实在令人惊讶。但当年轻人与大人对立的时候，如果有人支持年轻人，那么一些中规中矩的大人就会非常反感这样的人，说他们教唆或挑拨年轻人。

　　我经常为年轻人做心理辅导，并会成为他们的朋友。因此，我往往会受到父母们的质疑。不过，我也并不是完全赞成年轻人说的所有事情。可是，在那种情况下我也会指出来，并非年轻人追求的目标有误，而是他们在选择实现目标的方法时出了差错。

　　通过长年从事心理辅导工作我认识到一点，那就是，即便年轻人有想要对大人表达的想法，往往也无法很好地将其传达出来。因此，他们便常常通过大力攻击自己身体之类的做法致使自己陷入更加不利的境地。

希望年轻人不要让自己陷入那种不利境地，应学会以正确的方式对大人表达自己的想法与主张。于是，我便写了本书，希望有助于大家对这个问题的思考。

我自己年轻时便读过一些心理学方面的书，也认为很有意思，但却感觉并不适合自己。这个世界或人实际上非常复杂，我们很难一下子看懂，但我读的那些关于心理学的书却似乎过于单纯化了。内容单纯，的确是易懂、有趣，但我读了之后却有点儿被欺骗甚至被愚弄的感觉。于是，我不再研读心理学，而是开始学习哲学。再次与心理学邂逅是十几年之后的事情了。那时，我邂逅了阿尔弗雷德·阿德勒（1870—1937）创立的心理学，当时便感慨如果是在更加年轻的时候知道它就好了。所以，我便以自己理解的阿德勒心理学为基础写了本书，希望能够让更多的朋友受益于阿德勒心理学。

如果按照日本的纪年方式，阿德勒出生于明治时代，但他常常被称为领先于时代一个世纪的人。现在距阿德勒去世已经超过半个世纪了，但我认为时代似乎仍然未能追上阿德勒。不过，对年轻人来说，我接下来要写的内容或许也会被认为是一些理所当然的事情。

我首先想要写明的一点是，不管之前的人生发生了什么，它都不会对今后的人生选择产生任何影响。

不过，要想实现这一点，你需要很大的决心。而那种决心会让你从过往中解放出来。因此，我绝不会说一些"你没有任何错"或者"都是他人的错"之类的话，将你现在生活中的不如意归咎于过往之事或者所处境遇。

我希望本书能够为年轻人提供一些自主思考、独立生存的指南。之所以这么做，是希望年轻人不要再陷入不利境遇，可以好好地表达自己的想法与主张。让年轻人学会依靠自己的力量，也就是学会自主思考、独立生存，不盲从他人的观点，这并非一件简单的事情。心理学并非一味地讲解人生理论，也会进行一些理论论证。那些已经习惯甚至喜欢听他人指令做事或者选择人生的人，也许会觉得我讲的有些麻烦甚至烦琐。读了本书之后，如果有人说书中所提出的指南有误，也可以说这个人已经正确理解了我的主张。

目　录

第一章　你知道什么

无知之知

有一次，古希腊哲学家苏格拉底身边的人去德尔斐神殿祈求神谕，结果得到了这个答案："苏格拉底是最有智慧的人。"这个答案令苏格拉底大为震惊。因为，苏格拉底本人认为自己一无所知。

或许神也有弄错的时候吧。于是，苏格拉底为了证明自己并非神所说的智者，而是一无所知之人，便去拜访那些被称为智者的人，并与他们对话。苏格拉底认为如此一来便可以表明自己的无知，进而也就能够证明是神弄错了。可是，通过与他们对话，苏格拉底了解到那些被称为智者的人实际

上并非什么智者。那么，神谕为什么会说"苏格拉底是最有
智慧的人"呢？对此，苏格拉底的想法是这样的：无论是我
还是那些被称为智者的人，大家其实都一无所知。不过，我
知道自己一无所知，仅仅是在这一点上，我比他们更能称得
上是智者。

不知道什么

　　恐怕苏格拉底是在很多人面前进行的这种对话。因此，那
些原本被称为智者但却迫不得已将自己的无知展露于大众面前
的人们或许会认为是苏格拉底导致自己丢了脸。苏格拉底进行
对话的地方也有很多年轻人在。并且，那些年轻人恐怕也对自
己的父母做了同样的事情。结果，苏格拉底被控诉对年轻人造
成了恶劣影响，并被处以死刑。

　　苏格拉底说自己不知道什么呢？任何时代，孩子最初可能
都会仅仅因为父母是父母而加以尊敬，但孩子慢慢就会发现父
母竟然也很无知，或者他们的言行有误。但是，自古以来，大
人往往会以缺乏知识和经验为由来压制孩子。的确，孩子的知

识和经验或许是比大人少。这是因为年龄不同，也可以说是没办法的事情。

年纪大的人往往会说年轻人不了解现实（社会、人世），可年轻人恐怕无法认同这一点。如果年轻人想要反驳年纪大的人的说法，问题的关键或许并不在于那些年纪大的人因为年龄大便掌握了年轻人因为年龄小便没有掌握的知识。实际上，接下来我们也会看到，经历丰富的人未必就是智者。因为，并不是经历了什么就一定能够从中学到东西。重要的不是经历了什么，而是如何去经历，以及从经历中学到了什么。

与年轻人相比，年纪大的人待在这个世上的时间更长，但年轻人还是惊讶地发现有的知识年纪大的人并不知道。这究竟是哪方面的知识呢？那是与活的时间长短无关，年轻人也能够掌握的知识。可以说不仅仅是年轻人，这种知识连年纪大的人也有可能不知道，尤其是那些悲观地认为人生不过如此的年纪大的人，就更加不了解它了。而那些想要认真度过人生的年轻人反而有可能更懂这种知识。

年纪大的人或许具备一定的常识，但常识仅仅是多数人认为对的知识，而那实际上并非理所当然就对。即便是夸耀自己常识丰富，或许也会立刻被苏格拉底驳倒。

苏格拉底是这么说的：

"我尚且无法做到德尔斐神殿铭文上所吩咐的'认识你自己'。明明如此，却去思考一些与自己无关的事情，岂不是很可笑吗?!"（《斐德罗篇》）

据说，在降下"苏格拉底是最有智慧的人"这一神谕的德尔斐神殿上悬挂着阿波罗神的"认识你自己"这句话。意思就是说，我们所不知道的首先就是对自己的无知。大家有没有想过即便我们对其他事物知道得再多，但好像对自身还是一无所知。例如，年轻人或许会关心恋爱问题，可即便是在听了他人的话、看了电视剧或者读了书之后自认为知道恋爱是怎么回事了，一旦发生在自己身上的时候，常常也会感觉之前自认为了解的一切似乎都不适合自己。总是想着自己喜欢的人，简直可以说是日思夜想……这时，年轻人就会去思考这样的自己究竟是怎么了。彼时，与其说是了解自己，还不如说是因为经历了之前从未有过的心情或者由那种心情导致的异于从前的行为方式而感到自己都不了解自己吧。在那时，即便听到别人讲一些恋爱经验，或许也没有太大的参考价值。

像这样，感觉自己并不了解自己的时候，或许就想要设法去了解自己吧。并且，还不仅仅是想要了解自己，如果有必要，或许你还想要改变自己。如果是对当前的自己有自信暂且不论，那些无法喜欢上自己的人恐怕也无法认为那样的自己会得到别人的喜欢。正因如此，一旦听到有人说喜欢那样的自己，你就会非常开心。正因为觉得保持现状无法让人接纳自己，你才会对别人那样的说法感到意外。即便那样，你心中依然会产生一些质疑。例如，这样的我真的好吗？这个人了解真正的我吗？连我自己都不了解自己，这个人怎么可能了解我呢？认识自己究竟又是怎么一回事呢？一系列的疑问会相继涌现。

苏格拉底在受到控告时的申辩演说中也说了这样的话："最好的人，你是雅典人，这个最伟大、最以智慧和力量著称的城邦的人，你只想着聚敛尽可能多的钱财，追求名声和荣誉，却不关心，也不求知智慧和真理，以及怎样使灵魂（精神、心灵）变成最好的，你不为这些事而羞愧吗？"（《苏格拉底的申辩》）

虽然金钱或荣誉未必就会产生危害，但也的确有人为了获得巨款而弄得自己身败名裂。即使世俗之人认为有价值，拥有金钱或荣誉也并不会让人立即变得幸福起来。即便如此，在恋爱的时候，还是有人会把金钱或地位之类的条件作为选择恋爱对象或今后结婚对象的标准。

但是，恐怕没有人会因为自己由于金钱或地位被选择而感到高兴。一旦自己没钱了对方可能就会离开，或者即便自己是在一流公司就职，但当自己认为无法在那里干到退休便痛下决心辞职的时候，对方或许就会失望地说"没想到你是那样的人"，恐怕没有人愿意选择这样世故的人当终身伴侣吧。倘若有人会因为你失去工作或金钱而感到失望，那么那个人并不是选择了你，而是选择了你的附属物。失恋虽然很痛苦，但因为你失去金钱或地位便离开的人原本喜欢的也不是你本身，这种意义上的恋爱也并不值得可惜。如果拿金钱或地位来讲不太好懂的话，就容貌或健康而言，可能更好理解。年轻人也许想象不到，但容貌或健康的确会随着年龄的增长而逐渐失去。即便是现在，一旦生病，你马上就会失去健康。对于因为你不再如年轻时一样美丽便可能无法再像从前那么爱你的人，你会愿意与之携手走过一生吗？

金钱、地位、荣誉、容貌、健康之类的东西并不是个体本身。那些皆容易因为时间的流逝或不幸之类的原因而消失。无论发生什么都不会失去的是苏格拉底所说的灵魂（精神、心灵），是个体本身。所以，苏格拉底才会责问不去用心将灵魂变得更加优秀且高尚，难道就不会为此感到羞耻吗？

在用心将灵魂（精神、心灵）变得更加优秀且高尚的同时，苏格拉底还提出要在意智慧和真理。因为，为了让灵魂变得更加优秀且高尚，个体就必须去了解灵魂。在古希腊语中，这里的灵魂称作 psyche。本书所涉及的心理学在英语中叫作 psychology，这原本是一个将古希腊语中 psyche 和 logos 结合起来的词，是"灵魂之理论"的意思。了解关于灵魂的理论，就是在将其变得更加优秀且高尚，即便是对于那些对作为理论或学问的心理学感兴趣的人来说，"灵魂之理论"基本上也是为了将灵魂变得更加优秀且高尚的理论。

此外，心理学原本就发源于哲学，我认为学习心理学的时候也不可以忘记这一点。苏格拉底说重要的是用心让灵魂尽可能变得更加优秀且高尚。苏格拉底一本书也没有写，他说了什么，只能从柏拉图的对话录中了解。其中，让灵魂变得尽可能优秀且高尚，被称为"照顾灵魂"。英语中的 psychotherapy 一词便来源于希腊语中的"照顾（therapeia）

灵魂（psyche）"。大家或许听说过 psychotherapy 这个词。日语译为心理疗法、精神疗法。苏格拉底如果生在现代的话，也许会成为精神科医生或心理咨询师。在苏格拉底生活的时代，尚且没有像今天这样将哲学和心理学区别开来。苏格拉底也并不是像今天学校的老师那样站在讲台上讲课，而是每天在雅典与年轻人对话。苏格拉底所做的事情可以说很接近于现在的心理辅导。

审视生活方式

再回到前面的话题，提到不知道什么的话，那就是不知道自己，而认识自己则是为了让灵魂变得更加美好。雅典的保守军人、政治家尼基亚斯对同为政治家的利西马科斯说与苏格拉底对话总会发展成下面这种情况。

"我想你可能不知道，只要去找苏格拉底对话，刚开始明明是从其他事情谈起的，但被苏格拉底的话引导着，最终势必会谈到那个人自己，不得不说一说现在和之前的生活方式。而且，一旦开始谈论这个话题，苏格拉底就必定要对那个人说的

话追问并审视一番。"（《拉凯斯篇》）

这里说的是与苏格拉底谈话时话题总会涉及谈话者自身，并且还会被苏格拉底追问现在和之前的生活方式。苏格拉底追问那些被称为智者的人并不是探查其知识是否丰富。与苏格拉底对话就是要受到苏格拉底对生活方式的追问与审视。这对于声称"未经审视的人生不值得过"（《苏格拉底的申辩》）的苏格拉底来说是理所当然的事情。与苏格拉底进行过对话的阿里斯提普斯说：

"可是，我通过哲学语言明白了一个道理：人被毒蛇咬伤已是至痛之事，然而比这更痛的是灵魂被啃噬。"（《会饮篇》）

就像前面看到的一样，对苏格拉底来说，"照顾灵魂"比什么都重要。苏格拉底曾追问：在意荣誉或地位，却不注意内省与真实，也不用心让灵魂变得尽可能优秀且高尚，难道就不会为此感到羞愧吗?！并补充说，如果有人对此追问抱有异议且敢说自己对此用了心的话，"那我或许不会让那个人轻易走开，我也不会离开，而要进一步追问、调查或者审视"。（《苏格拉底的申辩》）

像这样，即便一开始从其他事情谈起，苏格拉底最后也会将话题落到谈话者身上，涉及选择了什么样的生活方式。前面我们已经看到，尽可能让灵魂变得更加美好就是"照顾灵魂"，就相当于后来所说的 psychotherapy（心理疗法、精神疗法），就像苏格拉底使用"审视"这个词一样，为了认识自我而进行的心理辅导（对话）古往今来都是一件非常严肃的事情。

独一无二的我

人还必须考虑这样的事情，即必须了解的自己并非"普遍意义的"自己（我）。任何学问都必须发展为普遍论，因此，心理学中所研究的"我"也未必可以直接套到学习者自己身上。

即便如此，如果不了解独一无二的自己，那就没有任何意义。例如，谁都知道人终有一死，而且，认识到这一点也并非什么难事。但我们还是想要具体了解独一无二的自己死亡究竟是怎么回事。

即便不是死亡问题，大家也想要具体去认识与其他任何人都不相同的这个自己吧。不管别人如何，人还是想要具体了解一下自己在某种情况下会如何行动，或者应该如何去思考某个问题。反过来则可以说，如果不清楚这样的事情，即便自认为了解自己，实际上也并"不了解"。

有一点是非常明确的，那就是，无论使用什么方法（血型、星座、性格等）为人划分类型，或者占卜特定日期或年份的运势，这个独一无二的自己都不可能与其他人具有相同的性格或者活在相同命运之下。因为，虽然自己与其他人的血型等一样，但这个世上却不会存在两个完全相同的人。

当然，进行普遍论意义上的思考也并非没有意义。并不是只有自己特别，其他人也在经历着相同的事情，明白这一点非常有助于理解自我。孩子一出现发热、咳嗽之类的症状，父母就会担心其是否得了什么重病。关于自己也是一样。可是，听到医生说只是感冒之后，虽然不会立即退烧，但会安下心来。这种情况下，了解到并不是只有自己特别，发生在自己身上的事情也同样会发生在其他人身上，对理解自己很有帮助。

虽说如此，自己与其他人又绝不相同。因此，在心理学书籍中提到的逆反期也未必人人都会有。那么，如果有人说自己没有逆反期，按照普遍论来讲，那个人是否就属于不正常呢？肯定不是！就逆反性而言，可能有的人本身就成长于不需要反抗父母的环境中。也许因为被娇惯着长大而没有必要反抗，抑或成长于良好的亲子关系之中，即使不反抗也可以通过亲子沟通使正当化的主张与要求获得父母认可。此外，也可能是因为明明应该反抗但却没有进行反抗。即便没有逆反期，也不可事事都一概而论。

所以，在这样的情况下，倘若你想要套用一般化的标准来理解自己，那肯定远远不够。因为，如果你采用那样的方法，往往就会将不适合普遍论的自己的固有因素忽视掉。而要理解自己，你就需要把自己的固有条件全面考虑进去。所谓"具体地"进行思考就是这样的意思。哲学或心理学本来就不是将某一个侧面、条件或性质等抽离出来加以思考的抽象性学问。如果是具体地去看，也就是在理解某个特定的人时将那个人所固有的条件全面考虑进去。

例如，有三只麻雀停在树上，猎人用枪打中了其中一只，结果会怎么样？这样的一个问题，如果是放在算术中，正确答案是"还剩两只"；但倘若是在需要全面考虑所有条件的哲学或心理学中，人们就会将"发出很大的枪声"这一条件也考虑进来，或许就不会得出"还剩两只"这个答案。由于受到很大枪声的惊吓，人们就会得出"之后一只也不剩"这样的答案。

虽说如此，实际上也无法考虑到"所有"条件。并且，即便是把关于某个人的信息"全部"罗列起来，单单如此也很难了解那个人。为了了解某个人，你需要找到理解那个人的某种切入点，那就是心理学中所说的"法则"。后面将具体分析以什么样的切入点去考察。

认识自己的必要性

那么，认识自己的目的又是什么呢？倘若是对自己当前的生活方式没有任何疑问的人，或许不会想着要去认识、了解自己。可是，有的人在某种意义上对自己、自己当前的生活方式或自己所处的状况和境遇无法感到满足，并想要去改变，只有这样的人才会试图去认识、了解自己。

那样的人即便还没有到达认为自己不幸的地步，也总会觉得不可以仅仅保持现状。并且，他们很少能够做到自信满满，往往都缺乏自信。例如，如果是那些学习成绩很好，自己并未付出太大努力便能获得周围人喜爱的人，一般都很少会陷入烦恼之中。

可是，正因为实际情况并非如此，所以人们才想要在恋爱等人际关系中认识、了解具体的自己。并且，努力认识自己其本身并不是目的，真正的目的是希望通过了解自己去搞好与他人之间的关系，继而摆脱不幸，获得幸福。不过，人人都想要获得幸福，但却往往又无法幸福。大家想想为什么会这样呢？

善之意义

例如，手里拿着的杯子一旦从手里掉出来，势必会下落。但是，人所做的事情，也就是行为，与下落的杯子的运动不同：在行为发生之前，人会先有想要做什么的意图，并且能够确立目的或目标。那并非是机械性的运动，因此，人也有可能不去做。

这种意图或目的并不总是那么清晰。很多时候，行为者自己也并不了解其意图或行为意义。我想很多人可能都曾被父母责问"为什么做这样的事情",但有时候,自己也并未意识到为什么去做或者为了什么去做。

或许有人会认为,问"为什么"的时候,其实也未必就是在询问意图或目的。实际上,与"为什么"这一问题相对应的答案也有好几种。例如,发生杀人事件的时候,会调查杀人原因或动机,但似乎不会讯问杀人"目的"吧。

苏格拉底被以给年轻人造成恶劣影响为理由判处死刑。死刑判决出来之后,由于宗教原因,行刑时间被延后了一个月。如果按照当时的习惯,那期间也并不是不可能越狱。实际上,苏格拉底的弟子们都曾劝他越狱,但苏格拉底却选择了不越狱。并且,关于执意留在狱中的原因,他做了如下说明。"为什么"不去越狱,而要留在狱中呢?作为对于这种"为什么"之追问的回答,其中一条便可以举出苏格拉底的身体构造。例如,可以这么说:"骨骼或肌腱是这样一种状态,因此,可以弯曲双腿坐在这里。"但是,不越狱而是留在那里,恐怕无法用身体条件来进行充分的说明。并且,倘若不是认为留在狱中是一种"善"的话,恐怕苏格拉底早就越狱了。这里所说的"善"并不包含道德意义,而是对自己来说"有好处"的意思。苏格拉底认为雅典人对其下了有罪判决之后自己留在那里服从他们所定下的刑罚是一种"善"。也就是说，苏格拉底做出的判断是：不越狱而是服刑，这对自己有好处。这些就是对于苏格拉底为什么不越狱这一问题的回答。

像这样，苏格拉底对于为什么不越狱这一问题的回答就是那是一种"善"，而善就是其选择留在狱中的目的。在服刑这一行为中，苏格拉底所确立的目的、目标就是刚刚看到的这种意义上的"善"。行为则会面向这种作为目的的"善"。它会形象地展现在人面前，而人则会朝它前进。虽然身体方面的条件会影响人的行为，但即便身体条件一样，也未必人人都会选择相同的行为。如果判断某种行为是"善"，往往就能朝着那一目的前进。

三年前，我得了心肌梗死，险些丧命，好在幸运地保住了性命。在脱离危险之后的住院生活中，我慢慢开始进行一些康复活动。刚开始，仅仅只是在走廊里行走几十米而已，根本无法走快。由于冠状动脉阻塞导致部分心肌坏死，因此，无论内心多么渴望活动也没有办法，跑就更不用说了。在那样的状态下，比起行走，待着不动明显对心脏的负担更小一些，但如果不康复就无法回归社会。所以，我认为即使辛苦，也要走动一下因为这样对身体更好。刚开始是在护士的陪同下，后来便每天独自在医院里走一走。我认为那么做是一种"善",因此便努力进行康复训练。可即便是相同的病,也未必人人都会做出一样的判断。在得了这种病的情况下,身体方面的条件不但不会对人起到推动作用,还会扯后腿,即便如此,作为目的的"善"依然会促使人往前走。不过,相反,倘若是明明被嘱咐要保持绝对安静,但却对此视而不见,硬要行走以进行康复训练,即便自己认为那是一种"善",实际上,那么做也不是"善"。即使去做自己想做的事情,也不能说什么事都是"善"。

像这样,"善"并不能由自己任意决定。例如,认为走动是"善"的"我"会去支配我的身体行走。而支配身体行走的我与身体则是两种不同的存在。大脑是身体的一部分,因此,是我支配使用大脑,而非相反。患有脑梗死、脑溢血之类大脑疾病的人往往会变得行动不便或者表达不畅。但是,即便那样,我和大脑也是两种不同的存在,是我支配使用大脑,而不是大脑支配使用我。因此,即便大脑被研究清楚了,也依然无法说明人的行为。人们再怎么去考察身体方面的原因,也无法据此解释行为的开始或中止。并且,后面我会进行分析,除了身体,情绪和性格也是由我来支配使用的。我会为了某种目的去支配使用身体、情绪和性格。

话说回来，当被问"为什么做这样的事情"时，即使回答目的之外的原因也没有用。在被质问"为什么吃（不可以吃的）点心"时，说"因为肚子饿了"实际上并没有回答问题。因为，有的人即使肚子饿了，也不会去吃。真正的答案是吃的人认为那么做是"善"。当然，对于因为生病而被要求限制饮食的人或者正在减肥的人来说，这种判断是错误的。因为，那么做对那个人"没有好处"。前面已经说明过了，"有好处"就是"善"的意思，相反，"恶"则是"没有好处"的意思。因此，虽然没有人想要"善"的相反面"恶"，但似乎有时候明明某件事实际上对自己没有好处，但人还是会去选择这种"恶"。这样的人是在选择"恶"，而非"善"吗？

例如，明明知道必须要复习备考，但却因为困倦而睡着了；或者明明想要减肥但却不知不觉吃多了。此外，如果有机会干一些不会被人知晓的坏事，可能就会去做。考试的时候，倘若能够毫不费事地看到坐在旁边或前面座位上的人的答案，尽管知道这样做不好，但可能还是忍不住去看。

这样的人在当下那一时刻其实并不是将减肥期间吃点心判断为"恶"，也就是对自己没好处，而是将其判断为"善"，也就是对自己有好处。即便之后便会表明那种判断是错的，即使日后会出问题，这样的人现在也能够找出一些借口来将吃点心正当化。如此一来，与其说人是出于无奈做了对自己没有好处的事情，倒不如说是不明白什么才对自己有好处。实际上，明明在减肥却去吃点心的时候，人是在选择"善"，而不是"恶"。

人人都希望获得幸福。或许也有人认为根本无法获得幸福，可能也会有人不好意思将幸福一词挂在嘴上。的确，在当今社会，上了好学校、进了好公司或者结婚了就能够拥有幸福人生的模式似乎已经完全崩坏了。在这种情况下，倘若有人认为根本无法获得幸福或者羞于思考幸福，那也只是对通俗意义上的幸福感受不到魅力。如果说到真正意义上的幸福，恐怕谁都不会拒绝吧。

幸福是前面所看到意义上的一种"善"，创造幸福就是"善"。可是，即便想要获得幸福，仅仅依靠那种美好的愿望是无法实现的。人必须明白什么是"善"，哪种"善"能创造幸福。如果无法获得幸福，那很可能是因为没有搞清楚何为

"善"何为"恶"。

原本以为毕业于一流大学便能踏上美好人生，但并非如此；原本因为与有钱人结婚便能获得幸福，但并不是那样。倘若是这样的话，那往往是因为没有弄懂什么是"善"，怎样才能创造幸福。

有些时候，对"善"的理解也会因人而异。例如，即便并不是获得金钱本身有错，但人们却往往认为通过金钱可以达成终极（最终）目标，而并不知道终极目标也就是幸福也许并不需要获得金钱，甚至有时候金钱反而会妨碍幸福的实现。因为，世俗所认为的幸福未必就是真正的幸福。

一切皆为注定吗

但是，即便如此，可能还是有人会认为就算人知道何谓"善"，有时也无法由自己做出选择。

现在，我写了这本书，而你正在读这本书。大家有没有想过这是否是自己的选择呢？即便认为是自己做出的选择，也还是有人会认为因为不知道促使自己想做某事的原因，所以实际上并不是一切都由自己来决定的。如果搞清楚了想要做某事的原因，也就明白了实际上并非自己选择。但是，在思考这一问题的时候，我深信不疑地强烈感觉是自己做出了选择。我无法认同实际上并非自己做出的选择，而是受某种力量驱使而被动做出的选择。当自己做出某种选择的时候，与其说是被什么力量从后面推着不得已朝前迈进，倒不如说是自己想要看清眼前的事物，因此才会踮起脚尖，朝前迈出了一步。

看书的时候，大家会以什么样的姿势去看呢？我喜欢躺着看书，但无论怎么去说明选择那样看书的原因，一旦现在突然想看电视，于是便停止看书打开电视，我只能认为那么做完全是自己做出的选择。若不然，难道就连那样的事情也像电脑一样被编制了程序吗？

此外，人有时会产生一种无法抑制的冲动，可平时非常冷静的人会因为冲动而口吐脏话、出手伤人，甚至去杀人吗？某杀人事件的嫌疑犯在面对审讯时说"自己是易怒性格。谈着谈着，对方说了令自己烦躁的话，于是就将其杀了"，但恐怕没人会相信这种歪理吧。

有的时候，似乎的确有一种会令自己束手无策的力量，自己仿佛也会因此而做出某种意想不到的决断。但是，也会有一些类似于这样的事情，例如，即使肚子饿了，但如果下定决心不去吃，也能够做到。正因为如此才能够减肥。并不是因为肚子饿就一定会吃东西。但是，那种决心有时候也会动摇，可即便那种时候，也并不是某种欲求将自己引入与本来愿望相反的方向。

由于自己想要减轻体重，所以，如果明明实际上并不想吃但却输给了食欲，那么自己的责任就变得模糊起来。但其实并非如此。并不是食欲促使人们去吃，而是人们在那一刻认为"可以"吃眼前的食物。当然，对于想要控制食量的人来说，这种判断是错误的。但是，实际上并不是明明"知道"不可以吃却还是吃了，而是在想要吃的那一刻认为吃对自己来说是"有好处"的事，可以说那时候并"不知道"不可以吃。

倘若一切都在冥冥中被注定了，那么，在原本以为好但实际上却并非如此的时候也就由不得自己选择了。如果是那样的话，大家不觉得活着没意思吗？即便选择了错误的事情，出错的也是人。在反复的试错中，人逐渐能够在各种场合做出明智判断，这可以说是人的一种成长。

如此，一旦能够明白什么是好的，人们就不会不了解自己和自己身上发生的事了。

并非一切皆为"善"

何谓"善"，也就是，什么对自己有好处，这并不能由人来任意决定。的确，对食物酸甜苦辣之类味道的判断或许会因人而异，并且可能也不会因为判断有误便造成什么实际损害，但某种食物对身体有益还是有害，就不能任由人的愿望或喜好来决定了。并不是因为美味就什么都可以吃，并且吃多少也没关系。

关于幸福也是一样的。一方面，世俗性的幸福条件未必适合自己；另一方面，也并不是只要自己认为好就做什么都能获得幸福。即便是自己认为好，实际上也必须真的好才行。同样，即便在别人看来再怎么幸福，实际上并非如此，那么这样的幸福对于自己来说也没有任何意义。

质疑既有价值观

自己不去思考何谓"善"，以及选择它能否获得幸福，简单地认为依照常识或既有价值观便能获得幸福，这也是明明不知道却自以为知道的表现。

古希腊历史学家希罗多德在《历史》中讲述了希腊七贤之一的雅典政治家梭伦与吕底亚国王克洛伊索斯之间的对话。克洛伊索斯问梭伦："为求知而在世界上到处游历的你有没有遇到过这世界上最幸福的人。"实际上，克洛伊索斯希望梭伦说自己就是最幸福的人，但梭伦给出的人名并非克洛伊索斯，而是泰卢斯。泰卢斯生活在一个繁荣的国家，养育了优秀、正派的孩子，他的孩子们又生了孩子且都平安长大。泰卢斯生活富裕，死得也很光荣。雅典与邻国战斗的时候，他前去支援同伴，光荣战死。

不仅仅是克洛伊索斯，或许我们也不会满足于这个答案。在当今时代，也许并不能说人们与自己居住的国家之间具有强烈的一体感，而且，大家也根本无法认为养育了孩子、生活富裕但却战死的人就幸福。倘若无法天真地相信为国家而生、为国家而死是一种幸福，那何谓幸福就不再那么不言自明了。人们对政治的看法因人而异，但当国家陷入战争的时候，去参加战争的并不是决定发起战争的政治家，而首先是那些年轻人。所以，也许并不能简单地说为国家而死就是幸福。即便不发生那样的事情，在当今时代，一些人能否在其所处的苛政之下幸福地生活，也是一个非常迫切的问题。

克洛伊索斯追问梭伦："难道我的这种幸福就没有任何价值吗？"梭伦则回答"世间万事只是偶然"，任何幸运都未必会永远延续，即便今天幸福，明天也没有保障。

后来，吕底亚首都萨狄斯被波斯军占领，国王克洛伊索斯也被捕。他被绑在堆积如山的木柴上处以火刑，那时候，他突然想起梭伦说过的话："人只要活着，任何人都称不上幸福。"

究竟是不是人只要活着就称不上幸福呢？关于这个问题，我们会在后面进行思考，这里首先要说明的是，正如即便享尽荣华的克洛伊索斯也无法获得幸福一样，即使人人都希望获得幸福，但仅仅依靠那种愿望并不能获得幸福，并且，何谓幸福也并非不言自明。

可是，似乎也有很多人相信何谓幸福就是不言自明的事情。有一次，当我听到一对父母在孩子考上教育类大学的日子说出"女儿的人生就此定了"这样的话后大为震惊。什么定了？怎么定了？那时，我猜想这对父母或许已经在心里描绘出了他们的女儿今后的人生蓝图吧，也就是，在他们看来，考上了教育类大学的女儿此生便不用发愁工作了，继而就会顺利结婚生子，过上平稳且幸福的生活。可惜人生并没有那么轻松。即便找到一份工作，人们也有可能在某一天突然收到解雇通知，这样的事情在当今时代很常见，而且，内定好的事情被取消或者公司本身倒闭之类的事情也并不少见。人们根本无法认为仅仅因为考上了大学，人生便"定了"。考上大学、顺利就职或者结婚之类的事情可以说是"幸运"，但不是"幸福"。梭伦说："任何幸运都未必会永远延续。"幸运并不会保障明天的幸福。况且，究竟是否存在明天的幸福，这尚是一个有待深入思考的问题。

什么代表幸福？这并非一个简单的问题，但首先能够断言的一点就是，世俗所认为的幸福（或许也可以说是幸运）未必会给人带来幸福保障。相反，人们也不能因为世俗所认为的不幸降临到一个人的身上就说那个人会因此立即陷入不幸。所以，究竟什么才是能够令人幸福的"善"？关于这个问题，希望我们要保持质疑精神，不要无条件地接受世俗性的既有价值观。

也许现在毫不质疑地认为上个好大学、进个好公司、结婚生子便是幸福的人已经很少了，但还有很多其他无意识中便接受了的事情。我们会慢慢去分析那究竟是什么。年轻人对既有价值观或者年纪大的人视为理所当然而并不特别加以关注的事情还会进行质疑性思考，但之后便会不知不觉地对多数人视为正确的事情（我们往往称其为常识）不再抱有疑问了。

当得知有人竟然是过了四十岁才认识到了解自我的重要性，并且在那之前都认为人并不存在什么成长问题，因此便觉得一旦大学毕业成为大人，之后大家全都一样的时候，我实在深感震惊。成长并不仅仅是积累知识或经验。

后面会分析大人和孩子是否平等这一问题，但就算是一般被视为引起大人和孩子差异的知识，倘若大人认为人的成长会在某个阶段停止，而另一方面，孩子则每天不断地学习，那是否具有知识便不再是导致两者差异的根据。不仅如此，我们也可以说每天都在不断成长的孩子反而比大人更加优秀。

如果不是积累知识或经验，那么成长究竟是什么呢？孩子自出生的那一瞬间开始便每天都在成长。但是，那些虚度时光的大人却并不会仅仅因为年龄的增加而有所成长。

诗人谷川俊太郎在《大人的时间》这首诗中说孩子每过一周便会增加一周的本领，可大人却还是老样子。孩子在一周的时间里能够记住 50 个单词，可以改变自己，但大人却来来回回只翻着同一本周刊。"大人花一周的时间，只会训斥孩子。"

那么，怎么做才能够努力获取知识而不虚度时光呢？我的一位高中老师曾经常说："年轻时买的书打算岁数大了再去读。"因为，那样的话就不会因为岁数大而感到烦闷了。遗憾的是，那位老师辞职之后还没有等到悠闲日子的到来便去世了。我认为，懂得读书的乐趣，人生或许会因此而完全不同。因为，仅仅依靠自己的人生经验无法获知的事情也可以通过读书去加以学习。

但是，关于读书，也的确有很多人持批判态度。这样的人常常会说不要去读什么书而要从经验中去学习，或者说放下书到外面去。法国哲学家笛卡尔曾说："一到可以脱离老师们监督的年龄，我便完全停止了通过书籍获取学问。"但这并不是说完全停止读书的意思，而应该理解为不再认为唯有读书才是发现真理的唯一且最有效的方法。笛卡尔并没有停止读书。我们也不能简单地按照字面意思去理解笛卡尔的这句话。

很多人听了我在演讲或心理辅导中说的话倒也能够理解，但似乎总感觉难下定"决心"或者去"执行"，理解和执行之间也有着莫大的距离。读书也许能够使人获得知识，但如果只是读书而不能将获得的知识付诸实践，那么就会被人说成是光说不练或者纸上谈兵。

因此就会有人说，跟知识相比，"经验"更重要。但是，倘若经验会使人聪明，那或许老人就都聪明了，但事实却未必如此。也正因为这样，孩子有时候才会惊讶地察觉到大人的无知。

我认为"知道""理解"很重要。仅仅在大脑中明白的确还不够，但在大脑中明白却是一个非常重要的出发点。例如，所谓认识路就是能够用语言进行说明。虽然不能用语言进行说明，但却能够带路的话，这还不能说是真正认识。只有可以用语言表达出来才能够去教给别人，能够诉诸语言才算是知道。

另一方面，如果仅仅是听了语言表述理解或者能够用语言进行说明，那也还不够。因为，那也有可能单单只是在背诵教科书上所写的话。不仅仅是从语言上理解，如果用带路做比喻，或许还需要实际按照理解的语言，自己到达目的地。但是，如果据此便说无法经历的事情绝对不能理解，那就又有些言过其实了，即便再怎么被鼓励要多去经历，仅仅是没头没脑地莽撞积累经验，也是什么都无法学到的。

也可以说，在仅仅依靠语言难以理解的时候，经历可以辅助语言进行理解。前面谈到的"善""恶"之知，也就是什么对自己有好处或者没好处之类的认知，如果真正明白，那便是能够即刻付诸实践的认知。正在减肥的人往往会说实际上明明知道不多吃为好，但却还是忍不住去吃，可如果真正知道为什么不可以吃，就不可能发生这样的事情。解剖学家养老孟司认为，人一旦被告知自己患了癌症，马上就会改变……所谓知道就是这么一回事。试图去探寻彻底改变我们人生之"知"的行为就是"哲学"的本来语义，也就是"热爱智慧"，只要不弄错求知的方向，对"知"的探索本身就能够使人变得明智。

未来具有开放性

刚刚说到只要不弄错求知的方向这一点，而就像前面看到的一样，这里对方向的了解是指明白行为的目的，而非原因。并不是身体、感情、欲求等支配和决定我们的行为，而是我们为了某种目的而去使用它们，这一点前面已经分析过了。

也有人认为当前自己所处的状况决定着幸或不幸。实际上，我们甚至可以说到处都是一些认为自己所处状况就是导致不幸的原因的人。例如，那些认为如果与满足相关条件（经济状况、社会地位等）的人结婚就会幸福的人，也是认为自己所处状况（这种情况下）决定自己是否幸福的人。

此外，还有人认为过去所经历的事情决定了自己今天的幸或不幸。可是，自己所处状况或者过去的经历虽然会对性格的形成产生影响，但状况或过去经历与现在的幸或不幸之间并不像一松手石头就会下落一样存在因果关系。因为，有着相同状况或经历的人在幸或不幸方面也并不尽相同。例如，并不是小时候受过虐待的人就都会陷入不幸；小时候遭遇过事故或灾害的人也并非全都像大家常说的那样有心灵创伤（精神创伤）。

我曾听某位精神科医生就遭遇了儿童杀伤事件的小学生问题接受采访时说，那些孩子势必会因为遭遇了这个事件而在将来的人生中出问题。假设这些孩子长大成人并结了婚，但婚姻生活却很失败。那是因为小学时正好在儿童杀伤事件现场吗？我并不这么认为。婚姻生活失败只不过是因为夫妻二人的关系存在问题。那么，是不是因为心灵受过创伤就无法恰当地去构筑人际关系呢？要想将遭遇过儿童杀伤事件视为后来无法很好地构筑人际关系的原因，二者之间间隔的时间也太长了些。即便是这种原因与结果（只是被视作）都是在短时期内发生的，我们也不能认为二者之间就存在因果关系。因为，人都有自我意志。所以，并不是行为由状况、过去的经历、感情等决定，而是人一定可以超越这些因素，做出自由选择与决定。但是，在与伴侣之间的关系不顺这件事上，有的人并不愿意承认是两个人之间人际关系的构筑方式存在问题，于是便会搬出过去的事件，认为那些种事件使自己留下了心灵创伤（精神创伤），并希望据此将现状不顺的责任转嫁到其他方面，而不去从自己身上找原因。

实际上，并不是现在的状况由过去的精神创伤所决定，而是人在任何状况下都可以选择自己的行为。即便有人会说只能这么做，但状况并不决定行为方式，选择什么样的行为由自己来决定，倘若明白这一点，人就能够有所改变。如果像声称过去经历势必会在未来引发问题产生的精神科医生那样想的话，人就无法获得幸福了，治疗或教育也就失去了效果和意义。

人的确会出错。但那是在判断何谓"善"时出错的，而那种"善"是面向未来的目的、目标。所以，人完全能够纠正错误。这就是治疗，就是教育。并且，即便出了错，也并不是因为那种判断受什么支配或者被强制，可以说，出错正是人拥有自由的证据。要想获得真正的幸福，责任在自己，人们可以自由选择。

认识自己并不可怕

如果不是由过去来决定今天的自己，那认识过去的自己就不是什么可怕的事情。底比斯国王俄狄浦斯因杀父娶母的神谕而在出生之后立刻遭丢弃。后来，俄狄浦斯成了底比斯的国王，为了探寻底比斯国灾难肆虐的原因，他试图找出杀死父亲的凶手。但是，回顾自己一路走来的人生，他却意外地发现自己像预言中说的那样杀死父亲并娶了母亲。俄狄浦斯了解到自己的过去之后，由于太过绝望而用胸针刺瞎了自己的眼睛，双目失明之后，他又周游了各国。

倘若认识自己就是像这样去了解现在已经忘记的过去，而那种过去又决定了自己今天的状态，那么，由于我们明显无法回到过去，因此便不得不说认识自己是一件可怕的事情。

目的论

像这样，人并不是被外部要素、过去的事件或者愤怒、悲伤之类的情绪等"原因"从后面推着前进的。我们把这种观点称为"原因论"。例如，口渴、饥饿或者过去经历的事情等往往被视作原因，但并不是因为肚子饿就一定会受食欲支配而去吃东西，有的人就会为了减肥而控制饮食。

人在决定是否做什么并判断其对自己是否有好处的时候，总是在看着"前面"。这就好比是走路的时候往往都是看着前面走，而不是看着后面。的确，如果一味地盯着前面，那么有时会因为看不到近处的障碍物而不慎碰上；但倘若不决定好去哪里，人就无法迈出步伐。

定好要朝向哪里的目标之后才会产生行为，但并不仅仅是实际去走。例如，吃一些限制卡路里的食物是"为了"健康，"为了"美容。这里作为"为了"被列出的事情就是行为的目标、目的。我们将考察行为的时候更多地去关注这种目标或目的的思维方式称为"目的论"。"目的论"与前面讲到的"原因论"相对而言。可以说，追问"从哪里来"的是原因论，而追问"到哪里去"的则是目的论。

前面已经分析过虽然想要获得幸福却选错了手段的情况，但创造这种幸福是一种"善"，也是最终目标所指。并且，为了实现"善"（对自己有好处）而选择的手段也是行为的目标、目的。可是，有时候人为了获得幸福而选择的目标却无法给自己带来幸福。一般说来，谁都不想做对自己没好处的事情。但是，人有时却会在何谓"善"这个问题上判断失误。如果做出跟踪者行为，对方可能会被吓跑，但做出那种事情的人则是因为判断那么做对自己来说是一种"善"。

倘若知道选择某种行为并不能使自己获得幸福，那么人们就会明白那种行为对于幸福目标的实现不起作用。如果能够清楚地了解到这一点，知道那么做不利于自己获得幸福，人们就能够停止当下正在做的事情，下定决心去做与之不同的事情。因为这种目标是人的想法，所以人可以随时去改变它。

有观点认为，人即便看似是在自己决定要做什么，但实际上也并非如此，或者人的行为是受什么驱动，又或者自己当前的状态由过去的事件来决定。与这类观点不同，我认为一切其实是由自己正在决定或曾经做出了决定，如果现在重新下定决心，那么就一定可以改变。

并且，感情也并不像一般认为的那样从后面推动着我们去做出某种行为。例如，有的人会说自己因为不安而无法到外面去，但事实并非如此。他是先有不要出去这一目标、目的，才会为了不出去而制造出不安情绪。如果没有任何理由，那么他就只能到外面去。但是，不安就可以成为不到外面去的理由。为什么不要到外面去呢？其中也有相应的目的，对此，我们会在后面进行分析。

愤怒也是一样。一发火，周围的人就听自己的，大家或许都有过这种经历吧。愤怒是为了打动对方而制造出的情绪。认为一发火对方或许就会按照自己说的做，于是便为了打动其他人这一目的而制造出愤怒情绪。

问题是，如果采用这种方法，其他人或许的确会听自己的，但却不是心甘情愿听自己的。

影响决心的因素

像这样，人并不是被什么力量从后面推着前行，也不是由过去的事件或感情等决定自己今天的状态，一切都是自己为了达成某种目的而做出的决定。不过，也的确有一些影响决定的因素，导致人往往不能在完全自由的状态下做出决定。并且，那还会影响到决心做某事时的特有模式与习惯做法。那种习惯做法往往会导致人很难采取与平常不同的行为方式。了解自己的惯常行为模式和影响其形成的因素，也有助于人们认识当前的自己。

很多时候，孩子在成长过程中都会去模仿周围大人的做法。虽然并不会因为是同一个大人养育的孩子就完全一样，但大人还是会带给孩子极大的影响，而摆脱那种影响会存在一定难度。

在心理咨询中，心理咨询师有时会询问咨询者过去的事情，但这并不是为了证明是过去的事情决定了今天的状态，而是希望帮咨询者了解其在大人影响下形成的已经习惯了的做事方式、与他人的相处方式和解决问题时的特征、习惯、模式。这些事情自己往往意识不到，但在很多情况下，人往往会采取一些未必利于眼下问题解决的习惯做法。

并且，虽然能够帮助咨询者认识到还有不同于自己惯常做法的问题解决模式，但实际上，即使知道有其他方法，由于已经习惯了之前的做事方式，要改变那种太过习惯的做事方法也并不简单。咨询者还需要了解一下自己怎么形成了解决问题的习惯方法。因此，下一章将会对性格进行思考。大家应该也能明白了解性格的原因吧。

第二章 关于性格

作为不幸原因的性格

苏格拉底曾跟一位名叫凯帕洛的老人进行对话。对于年轻人来说，衰老或许并不会成为一个非常迫切的问题，但这里的重点倒不是衰老本身，凯帕洛关注的是衰老往往被视作不幸原因这一普遍性观点。老人们常常悲叹曾经活得那么幸福，而今却找不到活着的感觉，甚至还会讲亲属虐待，以此来诉说老年生活的不幸。但凯帕洛说这样的人其实是"将原本并非真正原因的因素视为原因"。

凯帕洛说自己也同样在经历着衰老但却并没有感到不幸。那么，据凯帕洛所言，不幸的真正原因又是什么呢？

"苏格拉底，不幸的原因不是年老，而是人的性格。只要是人品端正而又懂得知足的人，老年生活也不会那么痛苦。可是，苏格拉底，你要知道，对于那些不懂得知足的人来说，不管是老年时光还是青春岁月，人生总是充满痛苦。"

人生并不是因为衰老就一定会陷入不幸，相反，即便是正值青春岁月，也不能说就一定会幸福。如果简单地去想，往往就会认为年轻人因为具有一切可能性，所以，年轻本身或许就会带给人很大的生存喜悦；但有的年轻人似乎早早地就厌倦了活着，甚至放弃人生。

我们可以去思考三个问题。第一，并不是每个人的青春和老年体验都一样，这是什么意思？第二，需要认真想一想幸福或不幸究竟是怎么回事。在上面提及的小故事中，"年轻人＝幸福"或"老人＝不幸"，这样的理解并不能通用。第三，决定一个人幸福或不幸的不是他已处于老年或青年时期，而是性格。那么，性格又是如何去决定人的幸福或不幸的呢？这里有一点很重要：如果不懂得知足，人生就会变得非常痛苦。

性格并非与生俱来

关于认识自己这一点，第一章中已经分析过了。当说到认识自己的时候，立马想起来的就是"性格"。似乎很多人都非常关心自己的性格如何。这样的人往往非常喜欢看血型或星座占卜之类文章中写的与自己相符的性格分析。

前面也提到过，某杀人事件的嫌疑犯在面对审讯时说："自己是易怒性格。谈着谈着，对方说了令自己烦躁的话，于是就将其杀了。"但人并不是生来就具有这种"易怒性格"。

大家都知道，由相同的父母所生并在相同的环境中长大的兄弟姐妹的性格也并不相同。比起在同一个家庭长大的兄弟姐妹，在不同家庭长大的最小的孩子们有时反而更相似。可以说，这就是性格并非与生俱来的一个证明。为什么兄弟姐妹的性格会不一样，关于这一点稍后会进行分析。

似乎会有那么一些时期，倒也不是发生了什么特别事件，但之后回顾起来，却可以说是人生的重要节点。那是人们开始意识到自己活着的时候。究竟是什么时候会因人而异，不过，小学三四年级之后的人生大家现在或许还能一一想起来吧。倘若是那之前的事情，诸如受伤、发烧病倒、搬家之类的重大事件虽然大体记得，但其发生的顺序，以及几岁时发生的往往都记不清了。可是，小学三四年级之后的事情或许你都记得吧。你还能记起同班同学的样子吗？你还能想起班主任的样子吗？

据说，人在这个时候开始形成性格。这种性格并非与生俱来，人们在性格形成之前尝试了各种各样的性格，然后决定以某一种性格去生活。并且，即便已长大成人，幼年时候的身姿、容颜多少有所改变，性格也不会有太大变化。由于是自己决定的，所以，实际上日后可以去改变它，可一旦决定以某种性格去生活，即便有时候会感到它的不便与不自由，改变性格也并没有那么简单。为什么改变性格并不简单呢？其中自有原因。

人际关系中的性格

性格与人际关系密切相关。要想了解性格，仅仅盯着内心还不够。前面提到，为了做到不仅仅考察普遍意义上的人，还要考察特定的人、"这个我"，就需要人们具体去思考，这就是指综合所有（虽然还是有限）条件去考察。在考察性格的时候，有的因素往往会被置于考察范围之外，那就是人际关系。为了了解性格，人必须去观察自己和其他人在人际关系中如何行动。因为，人并不是一个人独自活着，而是生活在与他人的关系之中，并且，也不能在任何人面前都一样，面对不同的人，自己的态度就会发生微妙或者大幅度的变化。当然，也并不是面对的人一变，你就立马会发生变化。因为有一些在任何人面前都相似的举动，所以人们才会考察"性格"。倘若一个人独自生活，那么就不再需要语言和表达自己想法所需的逻辑，同样，离开人际关系也就不再需要去考察性格了。

当然，生活在什么样的人际关系中，这会因人而异。并且，在所处人际关系中如何行动也全由自己来决定。所以，将人划分成某些类型还是非常困难的事情。或许有人接受过性格测试，但测试者和受试者的关系不同，测试结果往往会存在微妙或相当大的差异。如果没有测试者介入，只回答印刷好的问题，或许就更难了解受试者的性格了。测试结果或许能够作为认识自己性格的参考，但那样得出的一般性结果却并不能直接适用于个人。

因此，考察性格的时候，还要综合人处于什么样的人际关系中这一条件具体加以思考。无论是兄弟姐妹长期构筑起来的人际关系，还是仅仅在短时间内确立的人际关系，人往往都会有较为固定的行为模式或习惯，这一般被称为"性格"。人即便会根据对方的状况不同而有所变化，也还是会做出一些相同的举动。

举一个例子。假设有人迎面而来，并且你已经知道那个人是谁。实际上，你此前就对那个人有好感，但还是希望能有个机会与其好好聊一聊。现在那个人就正在走过来。可是，就在擦身而过的一瞬间，那个人移开了目光。那么，在这种时候，你会如何理解刚刚发生的事情？你打算怎么对待对方将目光移开这一状况呢？

在这种时候，如何思考或行动，往往会因人而异。我也问过许多人。最多的答案是说那个人可能是有意避开自己。这么回答的人一般会仔细思考自己是否招人厌了或者是否做了什么叫人不满意的事情。但并不是所有人都会这么想。有人会说："也许是因为尘土进眼睛了吧。"正因为认为对方是由于尘土进眼睛之类的原因才会将目光移开，这样想的人才会进一步说并不是因为对方讨厌自己。还有人会说："也许是因为对我有好感吧。"这样想的人认为对方对自己有好感而不好意思，所以才会移开目光。

性格应由自己选择

但是，这种意义上的性格并非与生俱来，而是因为人逐渐习惯了某种处理方式。

因此，即便那些现在一遇到对方移开目光便马上认为是自己招人嫌弃的人也并不是一开始就这样。在反复且多次遭到自己喜欢的人（有可能是父亲或母亲）拒绝之后（这是一个非常微妙的问题，稍后会加以说明，但它并非"结果"），这类人就会将对方移开目光这一举动视作避开或者嫌弃自己。

幸福与性格

那么，这里所说的性格与幸福又有什么关系呢？人都会向着幸福这一目标前进，但有时却会搞错何谓幸福，或者选错达成幸福目标的手段。认识性格与幸福及其达成方法并不是为了别的什么目的，而是因为性格不同，对幸福的定义也会有所不同。凯帕洛说不幸的真正原因是性格，无论是老年岁月还是青春时光，如果不懂得知足就会陷入不幸，而比起一种笼统的倾向，"知足"更应该是懂得在每一个具体场合如何应对。例如，那些被称为有勇气的人并不是不加思考地横冲直撞的鲁莽之人，而是能够根据自己所处状况准确判断出做什么合适的人。蛮勇与勇气并不相同。

因此，在判断应该如何去做或者如何选择的时候，我们必须明白什么对自己有好处或者没好处，而这种判断何谓"善"的倾向或模式也被称为"性格"。即便是状况或相关人员发生了变化，我们也会将一些相同或相似的事情判断为"善"（或者"恶"）。

生活方式

性格并非与生俱来，并且可被改变。因为想要传达上述这些意思，阿德勒使用了"lifestyle"（生活方式）一词，意思与一般所说的性格大体相同。"life"（生活）这个词包含了人生、生活、生命之意。"style"原本是文体、特定的文章表达方式之意。可以说，人自出生到死亡，一直在书写着自传。而这部自传从人降生到这个世上便开始写，并以死亡为终结。我们将书写这种自传时的文体称为"lifestyle"。书写自传的文体是每个人所特有的，绝不会存在两种完全相同的"style"。

性格形成的影响因素

这种意义上的生活方式（性格）完全由自己选择。准确地说，人并非一次性完成选择，而是在日常生活中不断地进行选择。我们在讲生活方式或性格的时候，就是讲那种选择倾向或模式。人在做某事的时候，并不是通过对外来刺激或环境进行机械性反应来选择行为。人明明可以时常选择其他行为，但却往往选择某种特定行为。

人之所以总会做出相同的选择，是因为这种生活方式往往就像眼镜或隐形眼镜一样，人常常会透过它来看世界。如此一来，对自己来说，一切都变得太过理所当然，以至于无法去选择其他行为或者以不同的方式去看待所发生的事情。如前文所述，人或许并没有必要因为对方移开目光而认为是在嫌弃或躲避自己。总是采取相同的做事方式，这一点其他人能够看出来。但是，本人却往往会因为习以为常而并不自知。正因为它像眼镜或隐形眼镜一样，所以，生活方式才只能从外部看到。

此外，总是采取相同的思维或行为模式，也是影响人们做选择的因素，并且这种影响力有时还很大。但是，影响因素终归只是一种因素而已，选择者也未必一定会受其影响。不过，了解人在选择时如何受某些因素影响，这倒有助于认识自己，因为有些因素有时自己也能想象到。

影响人做出选择的有遗传或环境之类的因素。例如，兄弟姐妹之间的关系、亲子关系，以及人所生活的时代、社会、文化等。虽然会受到这些因素的影响，但终归还是由自己来决定生活方式。稍后就会进行分析，即使由相同的父母所生并在相同的家庭环境中长大，孩子们的生活方式也并不一样。孩子并不认为自己与其他兄弟姐妹具有相同的成长环境。如果不将兄弟姐妹间生活方式的差异视为孩子自身做出的选择，那就无法解释。

遗传

首先来看一看遗传因素。实际上，遗传是一个尚且存在许多未知的领域。问题在于人往往会搬出遗传因素来为自己的能力设限。那时，常常看到有人会责怪自己的父母。对此，后面会详加分析。

即便父母是优秀的研究者，孩子也走了相同之路，那或许也是因为父母调动了孩子的学习积极性，孩子受其影响而努力学习。当然，我们也有可能会看到父母只知道看书，于是孩子便决心不再选择父母那样的活法。

之所以在亲子身上能看到很多相似之处，我认为这或许是由于孩子常年模仿父母使然。孩子往往会仔细地去观察父母的言谈举止等。孩子有时也会和父母说出一样的话，并且，不仅仅限于内容，就连说话方式也会不自觉地相似。曾有一位年轻人说自己非常讨厌父母的说话方式。某一天，我有机会见到了那个人的母亲，惊讶地发现两个人的说话方式竟是那么相同。

严重影响生活的身体障碍也会对生活方式造成一定影响，但每个人的选择也不尽相同：有的人会以恰当的方式进行补偿进而自立地活着；也有的人会变得充满依赖性，将本应由自己承担的课题转嫁到他人身上。究竟采取哪一种生活态度，完全由本人决定。

兄弟姐妹位次

影响生活方式形成的因素还有兄弟姐妹之间的竞争关系。这种竞争关系的影响会因在兄弟姐妹中所处位次的不同而有所不同。也就是说，是第一个出生的孩子，还是之后出生的孩子，或是最后出生的孩子，又或者是独生子女（家里唯一的孩子）。

一般情况下，父母往往会对孩子使用批评或表扬之类的教育方式。孩子也希望得到父母的关注。这会对孩子的生活方式产生重大影响。

孩子一出生便开始受到周围人的关注。肚子饿的时候，大小便的时候，孩子都只能哭泣。孩子一哭就能获得关注。听到孩子的哭声，父母会猜想发生什么事了，于是便过来查看孩子是否有什么不适。因为幼小的孩子不会使用语言，于是哭泣便代替了语言。

问题是孩子不能一直处于关注中心。随着年龄的增长，孩子即便不借助父母力量，自己能做到的事情也会逐渐增多。如此一来，父母自然就没有必要再去时刻关注孩子了。因为，那时候的孩子即便不能做全部的事情，也逐渐地能够自己做相当多的事情了。可是，即便到了那种时候，难以忘记大家都为自己服务之时的孩子往往也会想将自己能做的事情转嫁到他人身上，请人为自己代劳。不过，因为周围的人知道此时已经没有必要再事事都替孩子去做了，所以就不会再像以前那样去关注孩子。即便如此，有的孩子还是想要继续得到以前那样的关注。

孩子回到家时会跟家人打招呼："我回来了。"可是，如果没人注意到孩子回来，为了让大家知道自己回来了，孩子可能会发出更大的声音。倘若即便那样也还是没有得到想要的关注，那么孩子也有可能会做出问题行为。

孩子并不是一开始就会做一些令人头疼的事。他们起初是想要得到父母的表扬。但是，倘若孩子做了妥当的事情却没能得到预期关注，那么他们就会去做一些其他人不得不关注的事情。刚开始可能会做一些令父母感到麻烦、着急的事情。如果依然无法得到关注，那么孩子就会去做一些父母不得不加以批评的事情。他们可能会挑起兄弟姐妹间的争端，也可能会直接与父母吵架。当然，虽然并不想被父母批评，但如果孩子不能被关注，那么其宁愿被批评。

像这样，如果对孩子采用表扬或批评教育的方式，兄弟姐妹间就会产生竞争关系。意思就是，获得父母关注就等于在竞争中取胜。谁都不想在竞争中输掉，于是他们便想要在与其他兄弟姐妹的竞争中取胜。但当孩子认为无法取胜而采取一些做法时，这便会导致兄弟姐妹的性格有所不同。

像这样，孩子往往希望获得父母的关注，但每个孩子在兄弟姐妹中的位次不同，有的孩子往往很难获得足够关注。不过，也并不是因为同是家里的第一个孩子便都会一样，这一点也必须注意。因为，对于如何看待、解释自己所处的状况，以及怎样解决这一状况所产生的问题，每个人都有自己独特的处理模式，并且，应该被考虑进去的条件也会因人而异。所以，事情并不能一概而论。例如，我们绝不可以武断地认定第一个出生的孩子就势必是什么样的性格。即便如此，家里第一个出生的孩子与最后出生的孩子的成长环境还是存在极大的差异，甚至都不能说他们是在"相同的"家庭环境中长大的。

第一个孩子在出生之后的最初几年里，往往能够独占父母的爱与关注。问题一般发生在后面有弟弟或妹妹出生的时候。那时候，之前一直在父母庇护下过着王子或公主般生活的第一个孩子一般就会从宝座上跌落下来。因为，父母无法再像之前那样去关注他们了。虽然父母可能也会对第一个孩子说爸爸妈妈仍然像之前一样爱他（她），但由于父母的时间或精力大都被弟弟或妹妹占去了，所以，怎么也无法再如此前一般了。那时候，不同的孩子往往就会采取不同的做法。为了获得与之前一样的关注，第一个孩子可能就会去做一些讨父母欢心的事情。例如，如果被父母告诉"你已经是哥哥（姐姐）了，所以，从今天开始自己睡吧"，即使心中十分不安，也还是想要努力做到自己睡。父母忙碌的时候，第一个孩子还会去帮着照顾弟弟或妹妹。因为，如果那么做，他（她）就会得到父母的表扬。

可是，某日，在妈妈准备晚饭的时候，第一个孩子正帮忙照顾着弟弟或妹妹，但不知怎么回事，弟弟或妹妹就大哭起来。惊闻哭声的母亲急忙赶来并责怪说："交给你看就没有好事！"与小孩子打交道，大人都觉得很难，因此，第一个孩子会觉得母亲的说法有问题，但又无法反驳，就只能任其批评了。

于是，像前面看到的那样，倘若做一些妥当的事情无法获得父母关注，那么第一个孩子就会试图去做令父母头疼的事情来获得其关注。

因此，第一个孩子往往非常努力、勤勉，但另一方面又会想通过展示自己有力量而获得强于弟弟或妹妹的优越感。因此，第一个孩子就可能会变得具有较强的支配性。并且，由于第一个孩子经历过跌落宝座的事情（并不是结果），也有可能会成为保守且不喜欢变化的人。

前面提到，在之后的人生中，第一个孩子即使换了相处对象，也会做出同样的事情。例如，即使在恋爱关系中，家中第一个孩子也会时常害怕有情敌出现。他（她）常会不安地想这个人现在虽然爱我，但说不定什么时候出现了情敌，对方也许就会变心。一旦产生这种疑心，对方的所有言行都能被看成是变心的征兆。当然，事情发展到那种地步，两个人的关系会如何也是显而易见的了。

年龄处于家庭中间的孩子从未独占过父母的关注。因为，自出生起他们便已经有哥哥或姐姐了，不久又会有弟弟或妹妹出生。因此，来自父母的关注无论如何都会不够充分。在这种状况下，这类孩子可能就会成为不依赖父母或兄弟姐妹的自立型孩子。另一方面，他们也有可能会做出一些问题行为。那是因为他们往往认为只有那么做才能获得父母的关注。

并不仅仅限于年龄处于家庭中间的孩子，如果所有的孩子都有望在与其他兄弟姐妹的竞争中获胜，那么他们就会想要努力在相同领域中取胜。倘若他们能够认为自己也可以在学习方面获胜，那么他们也许就会勇敢地去挑战。实际上，也有能够取胜的弟弟或妹妹。可是，如果一开始便认为不可能获胜，那么弟弟或妹妹就不会去想在学习方面与哥哥或姐姐一争胜负了。一般他们会转而致力于艺术或体育，在不同于哥哥或姐姐擅长的领域奋发拼搏。

可是，在这种情况下，有人会认为自己在艺术或体育方面也无法付出努力，但却又想得到父母的关注，于是便会选择一些不当行为。在竞争中，获胜很重要。并且，这种家庭内部竞争的奖品就是来自父母的关注。为了获得父母的关注，孩子有时就会"不择手段"。倘若无法通过做一些妥当行为来获得父母的关注，那么孩子就会试图去做一些令父母头疼的事情来引起父母关注。

最小的孩子绝不会听到父母对他的哥哥或姐姐曾说过的一些话。例如："你已经是哥哥（姐姐）了，所以，从今天开始要自己睡了。"上面的兄弟姐妹到了某个年龄能够做到的事情，最小的孩子即便到了相同的年龄依然无法做到，父母也不会太过在意。因此，最小的孩子也许就会通过表示一些事情依靠自己的力量无法解决来获得关注，继而变得具有较强的依赖性。如果是自己能够做到的事情也要借助他人之力，那的确是有问题；但当有什么不懂之事并且自己无法解决的时候，最小的孩子往往能够毫不犹豫地去咨询他人，因此也会十分讨人喜爱。

独生子女由于缺乏与同龄孩子相处的经验，往往不太擅长处理人际关系。独生子女不会经历兄弟姐妹间的竞争关系。有兄弟姐妹的孩子必须依靠自己的力量去守住父母给的点心，但独生子女却不需要那么做。独生子女有时会因此变得比较以自我为中心，我行我素，不太考虑他人；但另一方面，独生子女也会变得比较自立。

就像上面看到的一样，兄弟姐妹之间的关系会有其不利的一面，但如何克服那些不利之处却因人而异。既会有人想要以建设性的方式去克服，也会有人试图以破坏性的方式去克服。一般而言，在兄弟姐妹间的竞争中处于劣势的孩子往往会试图想方设法地获得父母的关注，但那种方法却一般都称不上妥当。对此，稍后会分析应该怎么做。

为什么会患赤面恐惧症

父母所说的事情不合理，对此孩子又不能积极地加以拒绝，这种情况下就会发生下面这样的事情。结合刚刚分析过的兄弟姐妹间的竞争问题，我们来看看下面这个事例。

有一对双胞胎姐妹，她们的学习成绩都很好，两个人很早便开始上辅导班，努力学习，准备考初中。然后，考试的结果是，一个人考上了，而另一个人则不及格。不久，姐妹中的一个人便得了赤面恐惧症。所谓赤面恐惧症，就是指在人前的时候往往会因为不安或紧张而脸红。那么，姐妹中的哪一位得了此病呢？

要回答这个问题，我们必须思考几件事情。首先，就像刚刚看到的那样，如果父母对孩子采用表扬或批评教育的方式，兄弟姐妹间就会产生竞争关系。一般来说，兄弟姐妹间的年龄差越小竞争就会越激烈，倘若是双胞胎，这种竞争就会格外激烈。

因此，在兄弟姐妹身上往往也能看到很多不一样的地方。因为，孩子一般会认为如果做相同的事情就无法从父母那里获得预期的关注，进而就会在行为和生活方式上表现出差异。孩子认为根本不可能胜过其他兄弟姐妹，于是就决定特立独行。在这对双胞胎姐妹中，姐姐很擅长社交，朋友也很多；但妹妹就不像姐姐那样擅长社交，朋友不多，也不怎么会交朋友。

自我衡量标准

大体说来，人一般具有两种自我衡量标准。一种就是是否会学习。当今时代，大家必须关注这一点，即便是小孩子，往往也很早便会被父母强制进行应试学习，在这样的情况下，即使心存抗拒，孩子们也不得不去关心自己学习能力的强弱。

不过，如果没有小学入学考试之类的情况，在上小学之前，孩子一般不需要去理会这种自我衡量标准。对孩子们而言，那也可以说是一个和平时代。

自我衡量的另一个标准就是朋友的多少，或者是能否轻松交到朋友。如果朋友很多，能轻松地交到朋友，很擅长社交，那大家就会认为这类人性格开朗。开朗的反面是腼腆，但一般前者会被认为是好的。

刚才列举的那对姐妹中，姐姐比较擅长社交，朋友也很多，但妹妹却并不这样。即便如此，妹妹或许认为自己很擅长学习。实际上，她学习的确很好。不过，姐姐也学习很好，两个人也都为了考初中而很早就开始在辅导班上课，并且，两个人都参加了私立初中的考试。这时，如果两个人都考上了，或者是两个人都没考上继而升入公立初中，也许什么都不会发生了，但结果却是一个人考上了，另一个人没有考上。然后，两个人中的一个人就得了赤面恐惧症。

实际上，得了此病的是妹妹。为什么会这样呢？由于妹妹升入了周围同学都与自己的学习能力相当或者更好的私立初中，所以便无法再取得像之前一样的好成绩了。例如，小学时能够得 5 分的国语成绩变成了只得 4 分。可是，升入了公立初中的姐姐同样的国语成绩却还是 5 分。这时，妹妹就觉得自己输给了姐姐。或许在别人看来，由于初中的学校不同所以根本无法比较，可能父母也那么对孩子说了。可是，学习不好这件事还是令妹妹产生了自卑感。所谓自卑感，就是一种卑劣的"感觉"——未必是事实上的卑劣。即便不是应试之类特别的事情，不擅长学习这一点也会在较早时期被看出来。此外，有才华者会因为自己长得不漂亮而具有自卑感。并且，也有人会因为自己与他人不一样而产生自卑感。作家司马辽太郎说自己小时候曾因为怎么都看不到月亮里有兔子而产生了强烈的自卑感。周围的人也许会认为月亮里的兔子的样子怎么看都可以，但司马辽太郎无法像其他人那样看到兔子，这对其本人来说就是一个大问题。

再回到刚才那个自我衡量标准话题，在这两个标准中的任何一个方面有自信，一般都不会产生什么问题。当妹妹认为自己比姐姐擅长学习的时候倒也还好。妹妹原来还能够认为自己擅长学习，实际上，因为妹妹顺利考上了私立初中，所以，或许她真的比姐姐更擅长学习。

可是，妹妹到了私立初中却意外地取得了不好的成绩。那时，她认为自己彻底输给了姐姐。朋友少，学习也不好，这造成的失望和沮丧肯定能够克服，但在讨论这个问题之前，首先我们需要来看一下在学习和交友两个方面都会受挫的人通常会采取的非建设性问题解决方法。

非建设性问题解决方法

其中的一种方式就是做出问题行为。为了引起他人的关注，有些人故意做一些令周围人着急或愤怒的事情，这一点前面已经分析过了。一旦周围人去关注其他人而不是自己，这些人就会做出一些问题行为。那时候，引起他人的关注就是问题行为的目的。所以，有时候，无论父母多么严厉地批评孩子，孩子都不会停止问题行为，或者说，正因为严厉批评，所以孩子才更加不会停止问题行为。引起他人关注的方法并不仅仅只有这一种，还有很多其他的方法。指出这一点之后，我们继续来看前面提到的那对双胞胎姐妹的故事。

这对双胞胎中的妹妹得了赤面恐惧症。因为，她认为继续保持目前状态将无法获得父母的关注，之前，自己至少能够与姐姐各自获得父母一半的关注，但现在的自己不仅朋友少，就连学习也不好，如此一来根本无法获得父母关注了。

对于患赤面恐惧症之类疾病的孩子，他们中的大部分的目的就在于要让父母担心，继而将父母放在其他孩子身上的关注力引向自己。某位罹患不安神经症的高中生无法继续去学校上学。于是，无比担心的母亲便辞去了固定工作，白天一直陪着孩子。然后，这个孩子称夜里醒来的时候也会陷入不安，于是便开始睡在母亲旁边。双胞胎中的妹妹所表现出的赤面恐惧症也是本着同样的目的。

妹妹还有其他目的。当被问到"赤面恐惧症治好之后都想干什么"的时候，她回答说"想要和男孩子交往"。从这个答案可以看出来，她没有与男孩子交往的自信，继而为了逃避这件事情而得了该病。为了逃避与男孩子交往，她必须找出一个令自己和周围人都能够信服的理由，让自己和大家觉得因为这个理由而无法与男孩子交往也是没办法的事情。

阿德勒用自卑情结来说明神经症。意思就是说，神经症患者往往会在日常生活中使用"因为A（或者，因为不是A）所以无法做到 B"这样一种逻辑。也就是说，搬出 A 作为无法做到 B 的理由，以便令自己和他人都能够信服这么一点：如果是那样的话，即使做不到也是没办法的事情。不过，神经症患者本人并不想承认自己做不到。因为他们并不想因做不到而丢脸。为了不至于丢脸，他们就需要一个做不到的理由，于是，神经症往往就会被作为这里的 A 来使用。

对于双胞胎姐妹中的妹妹来说，赤面恐惧症就是 A，她正是想要借此说明因为有它存在所以才做不到 B，也就是无法与男孩子交往。作为理由的 A 是什么都可以，而神经症患者则往往会选择一些自己熟悉的方法。

患赤面恐惧症的妹妹因为没有能够与男孩子交往的自信，所以才会得病。她需要一种"由于患赤面恐惧症才无法去交往"之类的借口。因为她并不想承认无缘无故地不会与男孩子交往这一点。所以，即便是该病治好了，只要是那种症状存在的目的，也就是，将无法与男孩子交往这一点正当化的必要性没有消除，就依然还会有其他症状出现。

那么，赤面恐惧症究竟是不是无法与男孩子交往的原因呢？初次见面的时候，比起那种一开始就毫不畏惧地有条有理讲话的人，可能也有些男性反而更喜欢红着脸、紧张得讲不好话的人吧。

我曾说过这样的话："也许你会认为如果没有了赤面恐惧症，人生就会一片光明，但那是一种错误的想法。即便赤面恐惧症被治好了，人生也并没有改变，那该怎么办呢？"就像前面看到的一样，症状是因为有必要才会存在，如果不消除症状存在的必要性，往往还会出现其他症状。所以，即便患者要求治愈其赤面恐惧症之类的症状，也不能将那作为心理咨询的目标。所谓心理咨询的目标就是指达成之后便可以结束心理咨询的一种基准。心理咨询不能一直持续下去，总得有结束的时候。倘若以消除症状为目标，即便确实能够通过心理咨询消除存在的一种症状，可一旦再有其他症状出现，也将无法结束心理咨询。

心理咨询需要做的是消除症状存在的必要性。为此应该怎么做，下一章将进行分析。

父母的影响

就像前面看到的那样，在决定以什么样的生活方式去活着的时候，兄弟姐妹间的关系会产生重大变化，而父母也会对孩子产生很大影响。对于幼小的孩子，父母的力量非常强大。因此，父母如果使用自己所具有的力量，孩子就会被大人的力量所压倒，他们的任何要求和希望都将行不通。父母大声训斥或者时而动手，这究竟会给孩子造成什么影响呢？关于这一点，后面会加以分析，而孩子在与兄弟姐妹之间的竞争中想要得到的就是这种父母的关注。父母会在这个意义上对孩子产生影响。

因此，关于孩子的生活方式，父母如果对其说"你就是这样的性格"，孩子或许很难进行反驳。

因为孩子的事情而来进行心理咨询的父母往往会讲一大堆孩子的短处、缺点、问题行为。如果不是我进行阻止，他们往往能一直讲下去。还有人会事先写在笔记本上来读。这种情况下，我可以看出父母只看到了孩子的短处或缺点。我一般会打断看上去还有很多话要讲的父母，并这样问道："关于您孩子的短处或缺点，我已经非常清楚了。那么，接下来能请您讲一讲孩子的长处和优点吗？"

于是，之前一直喋喋不休讲个没完的父母往往会突然语塞:"啊?长处吗?啊,这个……"

就孩子而言,如果知道自己的父母竟然这么看自己,恐怕也会不高兴吧。也有些父母在讲完孩子的缺点或问题行为之后,根本不愿听咨询师讲话,意欲就那样一脸满足地回去。这样的人似乎就是想让人知道,明明自己已经好好履行养育责任了,可孩子还是有这么多的问题,那就是孩子不好了。如此一来,父母就会将孩子变成敌人,所以,孩子也无法喜欢上这样的父母。

首先需要考虑到的一点就是,父母所说的孩子的短处或缺点其实只是父母对孩子的看法。例如,之前看到过的一个小学生的父母说"这个孩子不学习"的时候,那句话的真正意思是"在我看来,这个孩子好像不学习"或者"我认为这个孩子并没有(像我期待的那样)去学习",未必是实际上不学习的意思。在亲子对话中经常出现的一个问题就是,父母讲孩子的时候明明只是自己的见解,但却往往会说得好像是事实一样。即使父母对孩子说"你不擅长与人交往",那也只不过是父母认为孩子是那样的人。即使父母对孩子说"你做什么都坚持不到最后,可真没常性",那也是父母对孩子的看法。也就是说,那些只不过是父母的想法和见解而已,事实上,是否真如父母所见还未可知。

可遗憾的是，孩子往往会在父母的影响下成长，常常会去印证父母所说的话。明明只是父母自己的看法而已，孩子却会认为那就是关于自己的唯一看法。

并且，在这个社会上，那种认可自己的长处并去告知他人的做法也不太受欢迎。所以，诸如说自己头脑聪明或者会说话之类的事情并不怎么被人认可。因此，不单单是父母，当被问到长处的时候，孩子自己本身往往也答不上来。或许没有必要特意声明，但明明并没有必要对自己心存顾虑，可人们还是会在不知不觉间连自己也只能看到自己的短处了。

例如，关于使用手机，一旦出了新机型，人们就可以再换一部。可是，即便我的手机再怎么有缺点，我也不能因为不满意就像对待其他工具一样将其换掉。今后，我们也必须一直与自己相处下去。所以，无论如何，我们都应该喜欢上自己，但消除长年以来所受父母的影响也很困难。

家庭价值

父母评价、批评或表扬孩子的时候并不是毫无原则地那么做，而是应有一定的标准。我们称其为家庭价值。

假设有的父母认为当今社会学历最重要。那么，他们便会很早就送孩子去上知名幼儿园或小学。如此一来，即使其他孩子都在玩耍的时候，他们的孩子也必须去辅导班上课，为了考试而拼命学习。孩子一般需要对父母的要求拿出一个态度，他们可以同意，当然，也可以反对或者无视。但是，如果父亲和母亲具有相同的价值观，家庭价值就会对孩子产生强烈影响。所以，孩子要去反对它有时候也会很难。其中，有的孩子就会毫不怀疑地接受父母的价值观。当然，有的是自己下定决心要去学习，与父母的影响无关。

父亲和母亲具有不同的价值观并为此而产生争论的时候，家庭价值也会变得非常强大。家庭价值不太强大的往往是那种父亲或母亲中的一方认为某件事有价值而另一方则对此并不持什么特别的意见或不关心的情况。

家庭氛围

大学时代，我曾去当过家庭教师。因为在那之前我几乎没怎么到自己家庭之外的其他家庭去过，所以，我通过观察各种各样的家庭才发现还有一些与自己成长家庭不同的家庭。这一般被称为家庭氛围。接下来，我会将其作为父母的影响去加以分析。

那是指在诸如决定某件事时以何种程序做出决定之类的事情。家庭氛围又有纵向和横向两种氛围。既有那种父亲或母亲行使决定权而其他家人则理所当然地去遵从决定的家庭，也有每一个家庭成员都拥有平等决策权的家庭。

如果是家庭价值，那么人还能有意识地去决定应对态度；可若是家庭氛围，人往往会在不知不觉间受其影响。所以，不得不说摆脱那种影响相当困难。倘若有机会将自己成长家庭的氛围与他人成长家庭的氛围进行比较，就能知道自己家庭的氛围是什么样子的。可一般也没有那种机会，人往往是在结婚之后才会意识到自己成长家庭的氛围并非唯一绝对的形式。

有位男士并不知道自己为什么会惹妻子不高兴。他说："我每周都带妻子和孩子们外出，一年还会带他们出一次远门，妻子究竟哪里不满呢？"他并未注意到正是自己"带他们出去"这样的思维方式令他的妻子不满。如果是在横向家

庭氛围中成长起来的人，或许就会认为并不是家人由丈夫
（父亲）带着去某个地方，而是一起到某个地方愉快地玩耍。
可是，或许那个人的父亲在他小时候也和他一样常常"带
着"家人去某个地方，所以，也许他并不知道那之外的决策
方式。

也可以说，那些喜欢靠武力解决问题的父母也是将自己从
父母那里受到的教育在自己成为父母的时候再加到孩子身上。
虽然家庭氛围也会在人决定生活方式的时候产生很大的影响，
但就像反复提到的那样，也并不是在相同家庭氛围中成长起来
的孩子就都会一样。

文化影响

影响性格形成的因素还有文化。这也跟前面分析到的家庭
氛围一样，往往是人们在无意识之中获得的。因此，其影响力
非常强大。如果是有意识的东西，人们还可以具体决断是否接
受，但堪称理所当然之集大成的文化可以说常常会不知不觉地
渗透到人的思维方式和感受方式之中。

作为文化影响的一个例子就是，很多人会认为其他人怎么想或者需要什么，即使那个人不说出来，自己也应该明白。有时人们甚至还会用细心或体贴之类的说法对其加以美化。的确，即便对方不说出来自己也能准确无误地理解他人心思的话，那或许很好。可是，实际上，这并不简单。如果知道其不简单倒也还好，可有人往往会认为自己理所当然能理解他人在想什么。被那样的人说"我理解你的心情"，我们有时也会很苦恼。如果听到因为孩子的事情而来进行心理咨询的父母说"孩子的事情，作为父母的我最清楚了"，我就会深感惊讶且困惑。

并且，问题在于，认为体察或体谅非常重要的人，即便他人保持沉默往往也想要去揣摩他人的心情并认为自己能够理解他人，可他们同样也会认为即使自己什么也不说，他人也能明白并且也应该明白自己的感受、想法和要求。可是，如果我们保持沉默，别人就不会明白我们在想什么。我们无法期待他人体察或者体谅我们的心情，可如果我们提出请求，别人或许也会帮助我们，但那完全属于别人的好意，而非义务。我们并不知道自己请求援助之后是否能够获得帮助。

尽管如此，受特定文化影响，很多人会认为即便自己不做出什么特别努力，他人也理应体察到自己的想法和感受。而在这种观念下成长起来的人往往就会形成依赖型性格。不知是福是祸，周围一般还都会有主动去帮助持这种想法的人。那多数情况下会是其父母。从孩子小时候开始，即便他们什么都不说，父母也能体察到其要求，就连一些本应由孩子自己去做的事情父母也会为其代劳，习惯了这种生活状态的人长大之后往往也会期待周围的人像父母那样照顾自己。

一旦说出来，势必就会产生责任。沉默不言就不用为自己所说的话负责。倘若保持沉默，我们也许就能够避免与他人产生摩擦与冲突，但我们的想法也不会被周围人所理解。从长远来看，这种做法还是会损害人际关系的。那也是与不发言相伴而生的责任。通过发言，我们也许会对周围的人产生影响，但如果因为害怕这一点就什么也不说，并且，明明什么都不说还抱怨没人明白自己，那或许才不合理吧。如果我们不发言，就没人会知道我们在想什么。

"察言观色"非常重要。一旦因不会察言观色而受到过度或者不当的责难，本来必须坚持的主张往往也会无法坚持，做事说话都会去查看他人的脸色。倘若一味地强调合作精神，一旦稍有标新立异就会被说是不懂察言观色。如此一来，即使我们觉得不妥也无法勇敢地表达出来。并且，我们还会发现自己在不知不觉间已经丧失了行为自由。

像这样，如果我们所处的文化不怎么依赖语言而是注重察言观色，那么我们就会不知不觉地受那种文化影响。

第三章　随时可变

你喜欢自己吗

　　小学的某一天，我有一项作业是画自己的样子。对着镜子画出来的画非常成功，我自己也很满意。画和名字一起被贴在了教室后面的墙上。有一位同学在对比了名字和画之后嘟囔了一句："不像啊！"而这毫不客气的批评之声恰恰传到了我的耳朵里。那一刻，我马上为自己的画加注上了"不像"这一评价。那时候的我并不喜欢自己。当时，班里要选一名班长，运动能力强、个子高的同学被选为班长，会学习但既不开朗也不活泼的我是绝不会被选为班长的。

　　在心理咨询中，每当我问到是否喜欢自己这一问题时，得到的回答大都是"讨厌"或者"不喜欢"。当继续追问"为什么会讨厌自己"的时候，有时得到的答案竟然是因为小时候父母没怎么表扬过自己。也许有些时候，父母只能看到孩子的短处或缺点。那样的父母往往也会通过语言指出孩子的短处或缺点。像这样，对于喜欢无情打击自己的父母，每个人的反应也不尽相同。变得讨厌自己的确是一种反应，但还有一种反应是依然喜欢自己却对父母心怀怒气和怨恨。对于那些回答因为父母不怎么表扬自己所以才会自我厌弃的人来说，他们并没有想到还有其他的反应方式，也没有注意到实际上是自己决定不去喜欢自己。

我们对于他人的看法往往也并不固定。明明觉得很喜欢一个人的规矩严谨，但有时也可能会觉得其琐碎唠叨；或者，明明很喜欢一个人的豁达不羁，但有时也可能会觉得其太过迟钝。此外，温和的人有时也可能会被认为优柔寡断。像这样，对一个人的看法与之前不同，或者准确地说是改变看法，其中常常存在一定的目的。那往往是为了决心终止与那个人的关系。想要与曾经非常喜欢但现在却失去热情的人分手，我们通常就需要一些能够使分手正当化的理由，并且，不仅仅是自己，对方也需要理由。

同样的道理也适用于我们自己。一开始，我们往往是先有不喜欢自己的决心。如此一来，我们性格中的种种特点看起来就会短处多于长处。

为什么不改变生活方式

那么，说不喜欢自己的人为什么要下决心不喜欢自己呢？首先是因为，一旦他们选择了与现在不同的生活方式，就无法预料下一个瞬间会发生什么。

当人最终走出失恋伤痛的时候，往往会有喜欢的人出现。鼓起勇气告白，新的恋情开始。由于对方并不了解之前的自己，所以你怎么表现都可以。可是，见上几次面之后，你往往就又变回了之前的自己。

刚转学到一个新学校的时候，没有人了解之前的你。你在之前的学校总是很老实，但这次到了新学校却决心要变得闹腾一些。即使心里那么想，但那种决心往往很快就会松动下去。

一旦成为新的自己，人就不知道接下来会发生什么，比起这种变化带来的不安，人往往更愿意保持之前已经熟悉的做法。可以说，人就是在这个意义上不断下定决心，不去改变自己的生活方式，尽量以现在的生活方式活下去。所以，为了改变生活方式，人们首先需要停止那种不去改变的决心。

并且，即便是变得喜欢自己并积极与他人交往，人们也并不知道是否就能够构筑起良好的关系。与其表明自己无法与他人构筑良好的关系，有的人宁愿认为原因在于自己的生活方式。

从某种意义上讲，即使现在的生活方式给自己带来诸多不便，很多人也并不认为必须去改变它。不仅如此，他们可能还会认为如果保持现在的生活方式，就能够堂而皇之地去回避人际关系。

对方移开目光便认为是在躲避自己的人之所以这么想，是因为从一开始他就不打算与那个移开目光的人建立关系。这样的人往往认为与其被拒绝，还不如从一开始便不建立关系。为了不被拒绝，一开始便不与他人尤其是自己有好感的人建立关系，为此这样的人就会下决心不去喜欢自己。如果一个人没有自信喜欢自己，那么在人际关系中他就无法变得积极起来。相反，不积极则是决心不去喜欢自己的目的。就前面看到的例子而言，决心将对方移开目光这件事视为是在躲避或嫌弃自己，其目的就是为了不进一步加深与那个人之间的关系。

于是，这样就可以将无法喜欢自己作为不能向喜欢之人表白心迹的理由。并且，由于坚信自己从一开始便遭人嫌弃，这样的人还会陷入一种不战而败的状态。

同样的道理也适用于那些宁愿相信生活方式与生俱来的人。因为，如果是与生俱来的，那么人们就可以说自己不必对目前的生活方式负任何责任，也可以据此去责怪父母。当自己的人际关系不顺时，这样的人还能以此为理由。

如何喜欢上自己

因此，如果不能够在某些意义上喜欢自己，那么人们就无法鼓起勇气积极致力于人生中必须解决的课题。此外，倘若不愿去面对人生课题，那么人们也就不会喜欢自己。希望大家要毫不回避地勇敢面对课题。前面也已经讲到，虽然生活方式往往会被认为是与生俱来的或者是难以改变的，但实际上完全是由自己来选定生活方式。并且，这种选择并非某日突然做出的决定，而是在反复试错中逐渐决定要以某种生活方式去生活。生活方式被选定之后，即使知道那种选择有时会给自己带来不自由和不方便，也无法轻易进行改变，于是便发展到现在。

但是，如果明白生活方式从现在开始也可以由自己来重新决定，并知道为此首先要认识到应摒弃之前的生活方式继而选择新的生活方式对自己来说是"善"也就是"有好处"的，那么你就能够改变生活方式。那时，你还需要知道应该如何改变。即使你想要改变性格，但倘若不知道应该如何改变，那么也无法做到这件事。如果你仅仅笼统地说讨厌自己目前这种性格，那也很难改变性格。

你还需要知道具体应该怎么做。生活方式就是解决某个问题时的模式或者习惯之类的东西。所以，一旦选择了某种生活方式，你就会从某个时候开始，在面对同样的问题时总是采取相同的做法。虽然每次面对的人有所不同，但即使打交道的对象变了，你也还是会采取相同的应对方式。

那么，在我与患有赤脸恐惧症的初中生（上文中双胞胎中的妹妹）的心理咨询中，关键就是要帮助其尽快树立自信，继而帮其摆脱该病。面对"赤脸恐惧症治好之后都想干什么"这一问题，她回答想要和男孩子交往，从这一点可以知道，她因为在与男孩子交往方面没有自信才想逃避与男孩子交往这件事。一言以蔽之，要想解决问题，她首先应树立自信。

心理咨询刚开始的时候，她留着短发，戴着粗框眼镜，不久便将框镜换成了隐形眼镜，还开始留长头发。看得出来，内心的变化似乎也在改变着外表。

有一次，她说："昨天我去参加联谊了。"从这件事可以看出，那时候她的赤脸恐惧症已经得到了相当大的改善。她接着说道："在与我一起去的朋友中，第二天就有男孩子打来了电话。"

"打来了什么样的电话呢？"我问。

"'想要交往'的电话。但是，那电话并不是打给我的。"

那么说着，她大声笑了起来。对她来说，与男孩子交往已经不再是她那时人生的首要课题。

前面已经看到，来进行心理咨询的人一旦被问到是否喜欢自己时，大都会回答"讨厌自己"。这位赤脸恐惧症患者也是由于没有满足自我衡量的两个标准而无法喜欢或接纳自己，因此便无法树立自信。虽然写的是"因此"，但这也只是她那么认为。并且，她无法树立这种自信也是为了逃避必须要面对的课题。

关于她想要逃避的与男孩子交往这一课题，虽然能够通过不将其作为眼下首要课题暂时解决掉，但这或许不久还会成为她的重要课题，并且，即便不是男性，在生活中也不可避免地要与他人打交道。

因此，我还是希望她能想办法树立自信，慢慢喜欢上自己。再来确认一下她现在所处的状况，那就是，原来能够认为自己虽然不擅长处理人际关系但却会学习的时候倒也还好，但进入私立初中以来，由于在那里无法取得理想成绩，所以她便无法再像原来那样自我安慰式地认为自己虽然不擅长与他人交往但却会学习了。因此，为了在尽可能不损伤自尊心的情况下接受那种事态，她得了赤脸恐惧症，其目的就在于让自己和他人理解成她是因为该病才无法很好地与人打交道。

可是，我并不认为这样的理解方式是一种建设性的方法。

她应该想一想，是不是还有即使不生病也能接纳当下自己的方法。

被关注并非理所应当之事

话题再稍稍往前倒一下，有一点希望大家能够明白，那就是，想要获得他人关注绝不是人人都有的欲求。第二章重点围绕孩子的问题展开，但那并不仅仅是孩子的事情。一旦自己的妥当行为未得到适当关注，被父母表扬着长大的人往往就会难以接受。例如，一旦喜欢上某个人，你或许就会想要得到那个人的回应。为此，你就会去做一些有望获得表扬的事情。可如果是成熟的大人，可能就不会被表扬说"真棒啊"之类的。而且，即使听到那样的表扬，你或许也不会高兴。即便如此，你或许还是想要听到一些慰劳或者感谢的话吧。例如，清晨特意早早起来为忙碌的他（她）制作了便当，可是你却未必能得到自己所期待的回应。傍晚，你拿来便当盒一看，里面的食物根本没动，甚至都没打开过。那么，这种时候，你会怎么做呢？

倘若是孩子，由于想要获得关注，所以，一开始就会为了得到表扬而采取行动。但如果那么做无法获得关注，那么孩子就会去做一些令周围人着急或生气的事情。

如果是在男女关系中，有的人即使知道对方很忙也还是会做一些频繁打电话之类的事情。虽然喜欢的人打来电话是高兴的事，但倘若是接二连三地不断打来，那么接电话一方在疲惫之时就会感到急躁或者腻烦。可如果依然还是不顾对方的心情，接连数日反复那么做，可能对方不久便会不断想办法逃避了，或者以"不好意思，今天要休息了"之类的理由中途挂断电话，或者直接将电话调成静音模式而不去接听。如此一来，打电话的一方就会因为自己的"热情"没有得到回应而心生愤怒，最后就会争吵起来。即便认为自己并没有感情用事，当觉得自己正确的时候，往往也会与对方开始权利之争，并且还会想方设法地证明自己是对的，并尽可能让对方承认错误。如此一来，两个人之间就会开始争吵。虽然也有人会说越吵越亲，但我并不这么认为。争吵的时候往往无法与对方进行很好的交流。那时，两个人之间就不存在爱。相反，当能够感觉到可以与对方进行很好的交流时，我们才可以说有爱存在。

虽然冒着失去爱的危险也想要获得对方关注之类的做法很

不妥，但在很多人那里，希望被关注已经在无形中成了一种理所当然的事情。也许谁都不喜欢被人无视。即便如此，无视无疑也是另一种关注。如果是年轻人，被喜欢的人说讨厌自己反而比被说没什么感觉更有可能得到对方的认可。因为，当对方说讨厌自己的时候，至少表明两个人之间还有能够令其感觉讨厌的交集。但是，不被关注却会让人感觉就连自己的存在也遭到了否定。即便如此，事实上年轻人现在也已经不可能再像婴儿时期那样备受周围人关注了。渴望被关注也绝不是一种理所当然的反应。

行事总是察言观色

我认为必须受人关注这一点与成长过程中经常受表扬或者挨批评有很大的关系。

挨批评或者受表扬的问题就在于两者都会导致人做事时总是察言观色。例如，像捡拾走廊里垃圾之类的事情并不是人们为了获得他人认可而去做的。但被表扬着长大的人即使看到有垃圾，首先也会先去观察一下周围的状况。倘若是有人看到自己的举动并有望表扬自己，那他就会将垃圾捡起来。否则，他便会视若无睹地走过去。这样的人在意的并不是捡垃圾这件事本身，而是捡起垃圾之后别人会怎么看自己。

对于在批评中长大的人，他们在不太严厉的人面前往往就会变得散漫而嚣张。在厉害的老师面前明明非常老实听话，可一旦知道某个老师不太严厉，他们马上就会转变态度。课堂也会变得一团糟。

倘若是消极的人，虽然在严厉的人面前一般不会做出问题行为，但也不会积极地去做一些妥当行为。这既是因为他们已经不会判断怎么做才是妥当的行为，也是因为由于害怕遭到批评而在严厉的人面前畏缩胆怯。

像这样，不进行独立判断，而是去在意他人怎么看自己或者一味察言观色地行事的人，往往就会错失做事时机，或者将那些对自己来说真正重要的事情往后推。

反抗期

这样的人一般并不能独立地对自己要做的事情做出是非判

断。即便有时会失败，他们还是希望大家能够独立进行判断并主动采取行动。但习惯了察言观色行事的人，即使在父母言行不合理时也不会去反驳或者反抗父母。

大家所说的反抗期并非一定会有。当孩子表现出反抗或者不听话的时候，父母往往会视其为反抗期。并且，父母还会认为反抗期很快就会过去。并非如此，这里只有反抗的孩子与导致孩子反抗的父母。所以，实际上，如果父母不存在一些导致孩子反抗的言行，那么孩子就没必要进行反抗。相反，倘若父母不停止那些导致孩子反抗的言行，孩子或许就会一直反抗父母。

即使父母说了明显容易引起孩子反抗的话，孩子也不去反抗，而是顺从父母，这种情况才真有问题。我并不是劝诱孩子去反抗或者反驳父母。这里要说的是那种不加批判地接受父母所言的问题。至于代替反抗、反驳的方法，下一章将会进行分析。

不在意他人的评价

前面看到有人说由于小时候父母不怎么表扬自己才导致自

己不喜欢自己，但即便其他人不表扬自己，我们自己也可以喜欢自己。因为，喜欢自己并不需要他人的评价。例如，你并不会因为其他人说"你是一个令人讨厌的人"就成为一个令人讨厌的人。相反，你也不会因为有人说"你是个好人"就成为一个好人。个人的价值不会因为他人的评价而有丝毫下降或升高。

虽然很少有人完全不在意他人对自己的看法，但也不可能所有人对自己的评价都一样。而且，他人的评价本来也决定不了你的价值。

渴望受表扬的人往往会试图迎合他人评价。但是，成为那种在意他人评价并去迎合他人期待的人，真的有意义吗？

并且，在意他人评价的人往往会为了获得好评而不择手段。为了提高他人对自己的评价，他们甚至不惜弄虚作假。由于害怕被评价，他们也会做出诸如不参加考试之类的事情。如果不去参加考试，他们就能够活在可能性之中。因为，他们还可以自我安慰地抱着一种如果去参加考试就会怎样怎样之类的幻想。即使别人对他们说"要是学习的话明明可以学得更好"，他们也不会去学习。因为，在这样的人看来，比起实际学习了却得不到好的评价来说，保留一种如果学也能学好的可能性反而更好。但是，无论哪种情况，最终他们都会因为过于害怕评价而什么都学不到。

被表扬的意义

这里先来思考一下被表扬是怎么一回事。读这本书的人或许已经不会再像小时候那样受到大人表扬了。但现在回想一下，你曾经或许有过即便被表扬了却并不怎么感到高兴的事情吧。就是一些这样的情况：明明只是做了自己认为理所当然应该会做的事情，大人却夸张地说一些"好棒啊"或者"真了不起"之类的话。就父母看来，带孩子外出相当需要勇气，他们往往非常担心孩子会在电车里或者其他一些地方突然哭闹起来。所以，倘若孩子在电车里非常老实，那么父母就会认为孩子"很棒"。可是，我认为如果父母好好说明情况，孩子其实能够理解自己所处状况。而且，即使父母什么都不说，孩子有时也能够理解。

有一个三岁的小女孩在心理咨询期间一直老老实实地待

着。在心理咨询期间保持安静并不是一件简单的事情，有的人在心理咨询中会反复想要问"还得等到什么时候"。即便如此，那个小女孩却能够安安静静地等了一个小时，期间既没有插话也没有大声喧哗或者哭闹。这样的时候，倘若是你，会希望父母说些什么话呢？是"真了不起啊""做得好棒啊"之类的表扬吗？

说"真了不起啊""做得好棒啊"之类的表扬的话的父母是在表扬孩子，可倘若孩子听了这样的话并不开心，那也有缘由。所谓表扬，就是有能力的人对没能力的人（虽然只是那么认为而已）自上而下做出的评价。之所以即使受表扬了也不开心，那是因为自己被置于人际关系中的下位了。进行表扬的父母也并没有注意到自己将孩子置于低于自己的位置这一点。但是，父母也并不是在无意中去表扬孩子，正因为认为自己的位置高于孩子才能够对其进行表扬。

的确，对于有希望被表扬的孩子，如果其父母不对其表扬，那么这样的孩子往往会说"表扬表扬我嘛"。大家知道这样的孩子为什么想要被表扬吗？因为，由于被表扬，虽然孩子无法高于大人，但却想要据此高于其他未被表扬的孩子或兄弟姐妹。希望被表扬的孩子想要与其他孩子竞争并获胜。但是，即使他们那么想，大人可能有时并不会表扬他们，或者可能因为其他孩子被表扬而导致他们无法获胜。那种时候，这种希望被表扬的孩子往往就会做一些令大人头疼的问题行为。

那么，陪父母去进行心理咨询，在安安静静地等了一小时之后，听到什么样的话会感到高兴呢？当然，父母有时也会什么都不说，但如果要说的话，就像刚刚看到的一样，会令孩子感到高兴的或许不是表扬，而是诸如"谢谢你等我"之类感谢的话吧。"谢谢"不是表扬用语，而是对孩子通过耐心等待这件事为父母做出贡献的语言反馈。听到父母这么说，孩子会觉得自己发挥了作用。

平等关系

当今社会，如果有人说男女不平等，那或许会被指责没常识。因为，实在找不到任何男性比女性优越的根据。但是，认为男女平等的人却并不一定同样认可大人和孩子之间的平等关系。作为理由，很多人会说大人和孩子不一样。的确，大人和孩子并不完全相同。知识和经验或许还是大人拥有得更多。但其实这有时也说不定。因为，并不能因为一个人年长就可以说其聪明。总之，孩子无法什么事情都做到和大人一样。例如，无法像大人一样去工作赚钱。所以，遇到孩子不听话，父母有时也会说"有什么不满等到自己能够赚钱养活自己之后再讲"。虽然被这么说，但年轻人是怎么也无法做到的。难道真的只能等到自己可以赚钱之后才能跟父母表达自己的主张吗？并非如此。并不是因为被父母养着，孩子和父母就不平等。这就跟并不能说在外面工作赚钱的父亲就比在家里负责家务事和育儿的母亲了不起是一样的道理。如果被丈夫说是他在养着自己，妻子恐怕也会不高兴吧。

如果以家庭为例，那就是各自承担的任务不同。但是，这种任务的差异并不意味着人际关系的高低。我常常羡慕那些能够站在孩子的立场上将自己认为不合理的事情率直地向大人讲明，并可以毫不畏惧地说出自己的想法的年轻人。大人或许会认为孩子那么做是在发牢骚或者提意见，但实际上也不可能仅仅因为是大人的话孩子就必须默默地去听从。尽管有时候那在大人眼里可能是令人看不下去的行为。

上下关系并非理所当然，大人和孩子之间存在的并非上下关系，而是平等的人际关系，我认为教给大人这一点的正是年轻人。虽然大人在年轻时或许也是那么想的。

但是，没有被平等对待的孩子在长大成人之后也去做大人曾对自己做过的事情，这就很不正常。这种情况常常会令我想到被高年级学生严厉训教过的低年级学生一旦升级之后往往就会对低年级学生做同样的事情。具体怎么做后面会详加分析，这里希望大家明白的是，大人和孩子是平等的。因此，在这种关系中，既不需要表扬也不需要批评。关于表扬方面的问题，前面已经谈过了。如果就批评而言，批评者那么做往往源于将对方看得比自己低。倘若大人对孩子平等相看，那即使孩子做错了事情，大人也不会去批评、训斥，而是会好好地用语言进行说明吧。

属性赋予

在我小的时候，祖父经常对我说"你很聪明"。前面已经写到过父母会与孩子说"你不擅长与人交往"之类的话。像这样，父母看到孩子的短处，实际上是否会在孩子面前说出来暂且不论，但父母往往会用"你是这样的孩子"之类的话去对孩子进行性质（属性）判定。精神科医生莱因用"属性赋予"这个词来说明这一现象。

问题在于各自为对方所进行的属性赋予往往并不一致。例如，即使孩子对父母说"我讨厌妈妈"，父母也并不愿承认那一点，依然会对孩子说"我知道你爱我"之类的话。并且，当父母说"你（实际上）是爱我的"之类的话时，这事实上就是一种命令。也就是说，父母其实是在命令孩子爱自己。说"你是好孩子""你（还）是孩子"也是一样。这一点在我祖父那里就表现得非常鲜明。在"你很聪明"这一属性赋予之后相继而来的话便是"长大之后可要去上东京大学哦"。即便被这么说，孩子也不会因此就喜欢上父母。并且，祖父的这种说法即便对于那时正在上幼儿园的我来说肯定无形中也造成了一种巨大的压力和束缚。因为，我从上小学之前就背负上了会学习的期待。

但是，孩子并没有必要接受父母的这种属性赋予。因为，谁都不是为了满足他人期待而活。如果人们下定决心不去迎合他人的期待或者不遵从他人的命令，那么就必须付出相应的代价，比如不被别人称赞甚至会被讨厌。但是，因为不去迎合他人的期待而有人讨厌自己，这也可以说是自己活得自由的证明。

自由地活着和被人称赞，在很多情况下，往往难以兼顾。如果想要被人称赞，那就需要舍弃自由。并且，实际上也有这么去选择的人。他们往往想要成为父母期待的人。但是，自由地活着同样也要承担相应的代价或责任。

这里所说的属性赋予既有父母或特定的大人加给孩子的要求，也有"社会"带给年轻人的"无形"压力。因此，学生时代可以自由行事的年轻人就职之后往往都会规规矩矩地穿上统一套装。

有一次坐电车的时候，邻座的一位青年突然跟我搭话说："您在看什么书啊？"我在电车中即使想知道邻座的人正在看什么书，一般也不会直接去问，青年的做法还是让我有些吃惊。那时，我正在读一位精神科医生写的书，在谈了一下那本书之后，他讲了这样的事情。

"我正因为忧郁症（目前还是急躁时期）而被建议住院治疗。大人们极力劝我去适应社会。可是，那么做就意味着让我去死。我该怎么办呢？"

原来他正在全力抵抗被强行适应社会这件事。他所说的大人或许曾经也像这个青年一样抵抗过被强行选择模式化生活方式之类的事情。可是，那时候的心情似乎在不知不觉间就被淡忘掉了。并且，那些大人还会将自己曾经讨厌听的话说给如今的年轻人去听。

人们没有必要为他人而活。因此，当被问到现在是否正在做着真正想做的事时，希望大家都能毫不犹豫地回答"是的"。

绽放自己的独特光芒

那么，面对父母或社会对自己的属性赋予，你具体应该怎么做呢？首先你能做的就是告诉自己只是"妈妈（爸爸）是那样看我的"。以父母说的"你任何事都坚持不到最后，真没常性"这句话为例，"任何事"也许就有些言过其实了。或许也的确有过未曾坚持到最后的事情。但是，肯定不是"任何事"都如此。并且，我认为还有一些并没有必要"坚持到最后"的事情。看书或者玩游戏，有时候一开始看或者玩便马上知道其没有意思；或者，有时也许会觉得至少是目前的自己并不需要的内容。那种时候，如果是看书，那么鼓起勇气合上那本书反而很重要。我并不认为有些书即便觉得没意思也还是必须坚持读到最后。能够决定不再继续去读自己不喜欢的书或者去做自己不喜欢的事并不是没常性。在具有停止某事的决断力这个意义上来讲,我反倒认为这是一种长处。

像这样,不管父母如何看自己,你都能够改变对自己的看法。希望大家通过这种方式去摆脱父母的看法对自我优缺点判断的影响,并借由发现自己的优点而喜欢上自己。缺点和优点并不是各自独立存在的,我们也可以将那些被认为是缺点的特质灵活利用,转化为优点。某一天突然变成与之前截然不同的人,例如,原本谨慎保守的人一夜之间变成狂傲不羁的人,这在现实中很难实现。

我们需要在明白这一点的基础上去努力绽放自己性格中的独特光芒。

有个人曾说"厌倦了一切"。大家也许都已经知道了,即使有厌倦的事情,但厌倦"一切"或许并不是真的。

对于弟子所说的"厌倦了一切"这句话,老师却说:"那是好事!"

老师为厌倦这件事赋予了不一样的意义。虽然我并不认为人真的会厌倦"一切"，但要想"厌倦"，就不能够任其发展，正因为想要认真地度过人生所以才会厌倦。如果去关注认真思考人生这一点，那你就能够赋予其不一样的意义。

我上高中的时候，担心我没有朋友的母亲去找班主任老师咨询，结果，老师回答"他不需要朋友"。母亲听了老师的话放心很多，从母亲那里听到这件事的我也惊喜地意识到的确可以有那样的看法。对于母亲说我没有朋友这一点，老师为其赋予了不一样的意义。

在那之前，我常常在意自己朋友不多这件事，并觉得按照一般说法而言自己就是不够开朗。听到他人说自己阴郁或者不开朗之类的词，人往往都会不高兴。可以说，根本就不会有所谓的开朗者或者擅长处理人际关系的人来进行心理咨询。其实，我们可以帮助这些认为自己不够开朗的人绽放不一样的光芒。

我不久就可以这么思考问题了。之前我曾被人说过不好听的话，并因此感到不愉快。但是，我从未故意说过伤人的话，总是会考虑他人的心情，时常担心自己的话会影响对方的好心情。我逐渐认为这样的自己不是"阴郁"，而是"体贴"。

自立需要勇气

不论是父母还是社会，外界往往会或明或暗地赋予我们一些"应有"的形象并命令我们去遵从。而我们自己则需要拥有不去迎合这种外界所赋予形象的勇气。那种形象也可以说是他人对我们所抱有的期待。一旦脱离那种形象，我们就能够获得自由。

进一步讲，他人或许也并不对我们抱有任何期待。有人说过人行道的时候，很讨厌坐在车里的人盯着自己看。车里的人或许的确会去看行人，但一般并不会盯着看，而且，信号灯一变，在过十字路口的时候，车里的人马上就会将刚才走在人行道上的人忘得一干二净。当然，日常人际关系并没有这么极端，但说其他人都对自己有所期待，这也只不过是一种多虑。

所以，我们完全不必因为在意他人的看法而故意表现自己。关于学习也是一样，重要的是实际上自己是否在学，别人怎么看并不是问题。一旦预先树立了能做到的形象，再去迎合它就会很辛苦。也有人因为害怕成绩不好而损坏名声，于是便不惜想尽一切办法去获得好评，或者直接拒绝参加考试，以便不去面对结果和评价。这其实都是一些没有意义的做法。

试图去迎合他人对自己所持有的（自以为是）印象，会成为我们巨大的负担。虽然不至于认为谁都不对自己抱有期待，但我们还是要尽量摆脱他人对自己的期待，这就是说要下决心展现出真实的自己。所以，这确实需要一定的勇气。

如果我们不再去迎合他人赋予我们形象，那么就可以借此摆脱不喜欢自己的印象，那时我们或许就会喜欢上自己。倘若我们在这之前一直认为必须去迎合别人，这正是我们的生活方式。可以说，只要明白了没有必要那么做，并能够不去迎合他人或者放弃原来那种满足他人期待的生活方式，我们就已经发生了变化。当不再试图去改变的时候，我们就已经在变化了。

保持现状就可以吗

前面讲到我们既没有必要刻意让自己看上去比实际优秀，也没有必要去迎合他人对自己的看法。那么，这是否就意味着保持自己的现状就可以呢？这里面还存在一个微妙而困难的问题。

关于这个问题，我们还需要区分不同视角。对于那些因为孩子的事情而来进行咨询的父母，我会告诉他们要努力去发现孩子真实的一面。前面已经看到，父母对孩子的短处或缺点往往能够说出很多，可一旦被问到孩子的长处，他们却什么都说不出来了。眼睛只盯着短处或缺点，以至于说不出任何优点，这也是事实。而且，至少有一点是明确的，那就是，父母往往认为孩子绝不可以保持现状。例如，对于那些说孩子不学习的父母，爱学习的孩子才符合他们的理想。

如果是并不怎么把父母的那种理想或期待当回事的孩子倒也还好，可是，那些认为必须满足父母期待并且又觉得自己无法做到的孩子，即便如此还是想要获得父母关注，于是便会去做一些令父母头疼的事情。所以，对于那些因为孩子的事情而来进行咨询的父母，我会说希望他们努力去发现孩子真实的一面。

具体来讲，我希望父母努力去接纳孩子的存在本身。实际上，孩子刚出生的时候，父母会为孩子来到这个世界而感到欢喜。可是，父母的期待会不断变大。一旦变成过度期待，就会给孩子造成巨大压力。父母往往会根据自己的理想用扣分法去看现实的孩子。因此，希望获得父母认可的孩子无论做什么，父母都会不满。我会建议父母改变自己对孩子的这种看法。也就是说，从存在着这一事实本身出发，用做加法的方式去看待孩子。如此一来，那些总是痛苦地向周围人倾诉孩子不去上学的父母（那么做就是想让周围的人知道自己因为这个孩子而十分苦恼，可很多人并未注意到这会将孩子变成自己的敌人）便能够认为不管孩子是否去上学，只要孩子现在活着，和自己一起活着，仅仅这一点就非常可贵了。于是，父母也不再会因为学校的事情去与孩子争吵了。

另一方面，从本人角度来讲，我们是否也可以认为保持现状即可呢？恐怕我们并不能简单地一概而论。在这个角度说保持现状即可需要在特定的语境之下，这一点我们必须明白。站在本人角度说保持现状即可的意思是不要刻意去表现自己或者迎合他人期待。这就已经会给我们带来巨大的变化了。倘若我们能够做到不去迎合他人，并懂得真实的自己才是自己，接下来就需要从那样的自己出发。做真实的自己、保持自己的现状还不是目标。

这并不意味着现在存在什么问题。但是，好比身体没有生病也并不意味着健康一样，这并非因为有问题才要去改变的意思，而是我们可以通过改变活得更好。因此，就像后面将要讲到的那样，仅仅靠他人给予还不够，在那个意义上，我们就不可以说保持现状即可。

虽说如此，无论现在的孩子是有问题也好、生病也好还是不符合自己的理想也好，只要父母一想到孩子出生时候的事情就能够认可、接纳孩子的现状。同样，倘若孩子也能够认识到父母有多么爱自己，亲子关系就会发生变化。可是，无论是父母还是孩子，大家往往都很难坦诚相见。孩子常常注意不到自己一直被父母爱着这一事实。父母看上去也很不擅长表达自己愿意接纳孩子现状的心情。记得有这样一位父亲，当我说"您非常担心孩子吧"的时候，他犹豫了一下说"是的"。但是，父母往往会因为无法很好地将那种心情传达给孩子而感到苦恼。

在认识到以上事情的基础上依然接纳真实的自己，这才是出发点。孩子也不要期待即便自己什么都不做且保持现状就可以被父母或社会接纳、被人喜爱，而要尽力做一些能做的事情。如此一来，孩子就可以成为与"真实"的现在不同的更好的人。

尽管这样，即使我们想要积极地进行改变，仅仅依靠决心还是无法做到。对于我们需要有如何变化的目标，下面就会进一步说明。

有时也应被人讨厌

某日，有一位得了过食症的大学生说一想起原来有十天的时间没能去大学上课至今会无比心痛。大学生因为十天没去上学就无比苦恼，这在我看来有些不可思议。于是，经过进一步询问我才知道，她的母亲是一位非常严厉的人，不允许她白天不去上学而待在家中。因此，她就不得不从家里出去，可由于不能去上学，就只好在家附近的公园或咖啡馆之类的地方度过一天，傍晚再若无其事地回家。这样的日子一直持续了十天。

虽然并不是说可以不去学校，但我认为这种时候或许还是应该更加坚定地表明自己的意志。在我看来，她患过食症就是为了表明即便是父母也不能控制她的体重。过食症之类的神经症往往存在"指向对象"。症状并不是在患者心中产生的。当父母因为孩子的事情来进行咨询的时候，我知道父母就是孩子相关症状的指向对象，如同这个案例，孩子本人来进行心理咨询的时候，通过其讲话内容也能发现这一点。

我想大家应该也知道，这位大学生原本并没有必要那样伤害自己的身体，只需跟父母说一句"不去"就好了。她可以不去迎合父母要自己做一个好孩子的期待或命令。

父母或许会因此感到悲伤或者生气，但父母也必须自己想办法去调节这种情绪。即使父母说"请不要让我伤心"，但事实上孩子也什么都做不了。所以，孩子也没有必要试图去做什么。

学会表达自己内心真实的主张

那样的她，某天突然把头发染成了鲜红色。我吃惊地说："您母亲一定吓一跳吧？"

"是的，妈妈说太难看了，让我在家的时候包上三角巾。"

"那你是怎么做的呢？"

"按照妈妈所说包上了三角巾。"

"然后怎么样了呢?"

"第三天的时候,我就开始想自己为什么非要这么做呢。于是就不再包三角巾了。但是,妈妈也什么都没有说。"

像这样,"不要让父母失望,要做一个好孩子"之类的声音最初的确是来自母亲等外界的实际声音,但这些声音也许在不知不觉间就转化成了自己内心的声音。

要做一个不违背父母期待的好孩子,这最初或许是来自父母的要求,但那不知不觉就会转化成孩子自身的一种"应该做一个好孩子"的规范意识束缚着孩子。

父母或许会把孩子的一些举动视为反抗,但这并不是"反抗",而是"主张"。只是,我认为年轻人似乎并不擅长将这种主张表达出来。因为,他们看上去好像只知道一些令自己陷入不利境地的方法,例如去做一些在大人看来是问题行为的事情或者患上神经症等。

不会说"不"

为什么不反抗呢？因为害怕被人讨厌。希望被人赞扬的人、想要满足他人期待的人往往会因为害怕被讨厌而无法对任何人说"不"，只会说"是"。倘若不懂得拒绝，或者即使对方说的事不合理也不去反对，这样的人或许的确会受人喜爱，但渐渐也会招致别人的不信任。因为，这样的人往往由于不想被任何人讨厌而变得优柔寡断，即使对方的观点与自己相左也不表示反对。此外，对于自己并不喜欢的人，他们还会大表忠心。被这样的人说喜欢的人原本以为只有自己收到了这样的独特表白，并为此感到高兴，但如果知道说喜欢自己的人也对其他人说了同样的话，或许就会觉得十分失望吧。这样的人言行举止往往缺乏或者看似缺乏自己的主张。

满足他人期待，听起来似乎不错，但其背后其实存在着一定的目的，那就是不必由自己做出决定。一是为了不被人讨厌，二是为了不必为决断负责。为了不被人讨厌，即使并非真正想做的事情也不会拒绝，而那些认为如果自己决断就必须为

之负责的人也不愿为发言负责。例如，如果你向对方说
"不"，那么可能就会因此而招人反感，或者瞬间与对方产生
某种形式的摩擦。接受那样的事态，就是为自己发言负责的
意思。

有些时候，也许无论孩子做什么，父母都会反对。某人计
划在假期里和朋友一起去玩儿。尽管已经是大学生了，但他觉
得也还是不该一声不吭地出去旅行，想着得让父母知道，于是
就说了出来。可是，父母却强烈反对，认为自驾游太不靠谱，
太危险。此人高中一毕业就拿到了驾照，原本还高兴地以为自
己终于可以开车了，却遭到了父母的反对。他认为父母的想法
也有一定的道理，继而放弃最初计划，这或许也是一种选择，
而我最不建议的做法就是明明想去却被动放弃，或者为了强行
实施计划而感情用事地加以反抗。希望大家事先就做好思想准
备，即使父母感情用事，你也不必同样去感情用事。实际上，
父母非常担心孩子，但就是不会很好地传达这一心情。问题的
关键在于是否出去玩儿，而不是证明父母和自己的想法哪个正
确。与感情用事的父母发生冲突，是试图推行自我主张时所必
须承担的后果。也并非任何情况下都会与父母发生冲突，如果
不坚持自己的主张就不会发生冲突，但需要为此付出的代价就

是必须撤回自己的主张。既坚持自我主张又不与父母冲突，这种选项理论上并不存在，一般情况下恐怕也没有这种选择。还有一种选择就是，乖乖认可父母的观点，不再坚持自我主张，并且不与父母发生冲突。但如果自己真想去的话，这种选项事实上也不存在。这种情况下，与父母发生冲突就是自己想要做某事时所必须承担的后果。当然，也并不是所有父母都听不进孩子的意见，毫不讲理地去反对孩子。

摆脱自我中心性

前面讲到没有必要满足他人的期待。在这里还有一点需要大家明白，那就是，他人也是一样。也就是说，倘若你没有必要满足他人的期待，那么这就意味着他人也没有必要满足你的期待。可是，有的人常常用自己的标准去要求他人，如果别人不按照自己的期待去做，就会非常生气。

"那个人住院的时候，我去探望了。可是，当我住院的时候，他（她）却并没有来看我。"

去探望仅仅是因为担心，拿什么礼物暂且不论，反正是前去探望了。恐怕并没有人是想着自己生病的时候能得到别人的探望才去探望别人吧。另外，有人在你住院的时候不来探望也很好理解，因为那个人没有必须来探望你的理由。

我经常能从到我这里进行心理咨询的人身上看到的一点就是，他们总是一味地想着"这个人会为我做什么"。他人并不仅仅是为了让某个人幸福而活着。当然，那个人也不是没有想到这一点。之所以认为"他们什么也不为我做"，是因为有这个想法的人活得太以自我为中心。一旦具有这种思维方式的人一起交往或者结婚，会出现什么情况，就显而易见了。倘若有获得幸福的原则，那也不是一味地想着"这个人会为我做什么"，而应该多想想"自己能为这个人做什么"。

之所以会一味地想着他人会为自己做什么，是因为有这一想法的人长期以来即使什么都不做周围的人也会为他叫好。父母过度娇惯孩子，总是让其处于关注中心，孩子也逐渐觉得那是理所当然的事，慢慢就会认为自己不付出任何值得他人看好的努力，仅仅存在着就很好了。

归属感能够使人感觉到有自己的位置，这是人的基本欲求。家庭中自不必说，即使在学校，升级换班的时候，周围如果有很多陌生人的话，你的心情往往会难以平静。即便那样，不久之后，大家也会互相打招呼、说话。像这样，如果能够与新认识的人亲近起来，那么你或许就能够感觉到在这个班级也还不错。在这个班里也可以获得这样的感觉是其他任何事物都无法替代的基本欲求。由于得不到这种感觉就试图通过做出问题行为或者罹患神经症之类对自己不利的事情去获得归属感，绝非什么好办法。

但是，实际上，人们通过那种做法想要得到的仅仅只是被关注，而非归属感。虽然是为了能够感到在这里也可以或者这里有自己的位置才想要得到关注，但据此并不能找到归属感。人存在于这个世界上，但却并不位于世界的中心，可总有人会误解这一点，认为其他所有人都是为自己而活，都得围着自己转，就像所谓的天动说一样。看到自己精心准备的便当对方动都没动一下，或许也会有人无法忍受。即使对方吃了便当，准备便当的人也还是会进一步希望听到一句"谢谢"。的确，如果听到对方说"谢谢"，准备便当的人就会很高兴。但是，是否一定要获得他人认可呢？恐怕这得另当别论。

这样的人常常希望获得表扬或关注。倘若真听到"好了

不起啊"之类夸张的赞美倒也不喜欢，但很多人都希望自己
做的事情能够获得他人认可。

去贡献

前面讲到为了喜欢上自己而绽放自己的独特光芒，但倘若
仅仅列举出自己的优点，那还十分不够。如果一开始就没有想
要改变的决心，那么人们就不会想着去喜欢自己或者绽放自己
的独特光芒。不仅如此，为了不拿出决心去改变，也为了回避
自己的课题，有时人们还会试图找各种理由去否定自己。这样
的人要想变得喜欢自己也并不简单。首先，前面讲到这样的人
可以通过绽放自己的独特光芒去喜欢上自己。接下来，这样的
人还需要想一想什么时候能够感觉到自己喜欢上了自己。那或
许就是在能够感觉到自己对他人有用的时候吧。

不能仅仅从他人那里获取，你还得去给予他人，这样才能
找到一种归属感。这种归属感也无法通过被他人关注去获得，
因为，他人未必会关注你。

一说到贡献，有人会说首先必须考虑自己，而不是他人。

的确，倘若给予是一件有意义的事情，那么也需要自己拥有能够给予他人的某些东西。

但是，提到给予他人，也有人会想到自我牺牲。即使谈不上牺牲，但由于过度适应社会，有的人常常把自己的事情放在后面。这样的人与那些只知道考虑自己的人正好是两个极端。

或许也有人会认为贡献这个词太难理解或者有些夸张。例如，大家可以试着想象一下，饭后家人都舒舒服服地坐在沙发上看电视的时候却只有你一个人去洗餐具，对此你会有何感想呢？我所说的贡献就是那种日常小事，而不是什么夸大的事情。当然，这与奉献或者义务之类的事情还相差甚远。因为，它并非什么迫不得已之举，完全是一种自发行为，也不图任何回报。

的确有人会因为他人都休息的时候自己却要去洗餐具而感到痛苦、不满，甚至可以说很多人都会这么想。

为什么会这么想呢？我认为这是源于自小所受赏罚教育尤其是表扬式教育方式的影响。因为没有人看见便不捡垃圾，做事急于寻求回报，渴望被感谢，这些或许都有失妥当。其实，是否会因此获得他人的认可或感谢，那都不重要。即使没有他人的认可或感谢，行为本身也有价值或意义。

实际上，有人希望自己所做的事情能够得到回报或感谢；也有人即便自己所做的事情不被任何人看见或认可，自己也照样感觉开心。我一直认为很难让大家在这一点上达成共识。因为，对于那些持有不同想法的人来说，接受完全异于自己的观点就好比在寒冬中想象酷暑或者于盛夏里体悟严寒。

不再期待被表扬

贡献本身就已经足够了。因此，不要期待通过贡献去获得他人的关注或者表扬。即便不被任何人关注或感谢也没有关系。倘若有人会因为没有被表扬或关注而感到遗憾或不满，那么就不得不说其动机存在问题。

当然，虽然并没有期待，但如果你意外听到别人说"谢谢"或许也会很高兴。所以，建议大家即便自己没有听到他人说的"谢谢"，也还是要主动与帮助你的人说"谢谢"。那样一来，被感谢的人就会很开心，或许也就会主动说"谢谢"

了，即便那不是对你说的。

不论是否听到别人说的"谢谢"，倘若你可以感觉到自己对他人有用，那么就能够慢慢喜欢上自己。

不需要他人的认可

不过，有人会说为了接纳自我、获得自尊而需要被他人认可。获得认可往往是在对他人做出贡献的时候，不过，当做某事失败的时候，如果听到他人说一些安慰、鼓励之类的话，就会重新燃起干劲儿或热情，这也是另一种形式的认可。

听到别人认可自己的话，的确会令你很开心。我往往也想要对他人说一些认可之言。但是，为了接纳或者喜欢上自己，是否一定需要他人的认可呢？我认为不是。

有一位小学生，每天放学回到家就会去照顾卧病在床的祖母。有一天，我听到这件事后非常吃惊。这个孩子或许连零用钱也不要。因此，我非常惊讶地跟父母讲了这件事。于是，父母说："但是，那个孩子并不怎么学习。"

父母并没有关注那个孩子照顾祖母这一点，我认为父母的这种反应确实有问题。但是，我们也没有必要觉得这名小学生由于照顾祖母就必须获得关注或认可。婴儿能够吸引家人的关注。但是，一旦婴儿长大，即使是家庭的一员，他也不再是家庭的中心。

将获得关注视为行为目的的人一开始就是因为希望被表扬才去行动的。前面已经看到，那种行为即便表面看来妥当，可这类人一旦无法获得预期关注，就会将正常行动发展成权力之争。

这里需要注意的一点是，不需要他人的关注或认可，并非不需要与他人或者社会之间的联系。因为，即使不特意寻求他人认可，只要人活在与他人之间的关系中，就会被认可。说不需要他人的特别认可或者持续关注的人，是站在行为角度而言的。另一方面，就存在角度而言，人只要活在与他人之间的关系中，即使什么都不做，也会得到他人认可。

并非要做特别之事

需要大家注意的事情与是否可以保持自己的现状这一问题

有关。为了能够感到自己活着就是在为他人做贡献，需要一定的勇气。这不同于一直在众人关注之下成长起来的人认为自己仅仅存在着就很重要。倘若人们认为自己必须能够在行为上对他人有所贡献，那么就会有无法做贡献的人。一直照顾卧病在床的祖母的小学生也许能够感到自己有用；祖母即便卧病在床也可以感觉自己有用。那并不是因为做了什么，可以说他们并不是通过行为，而是通过存在做出了贡献。同样的道理适用于任何人。即使不做什么特别的事情，就存在的角度而言，你也会得到他人认可，并且对他人有所贡献。希望大家以此为出发点，重新思考一下自己是否能够做些什么。

如何看待他人

综上所述，"我"这一工具并不能换成其他工具，今后也必须一直使用下去。因此，如果不能喜欢那样的自己，你就无法获得幸福。可是，不喜欢自己的人有很多。并且，他们之所以不喜欢自己，往往是因为他们想要借此逃避与他人之间的关系，这在前面也已经分析过了。此外，前面还讲到，为了能够喜欢自己，既需要人们将自己原本以为是缺点的地方重新视为优点，又需要人们能够感觉到自己对他人有用。这种归属感的出发点是自己存在着、活着，它的获得并不仅仅依靠他人给予，人们还必须主动给予他人。

可是，如果认为他人都是一有机会就企图陷害自己、伤害自己的可怕之人，那有这种想法的人就会既不愿与他人打交道，也不想对他人有用，如此一来，他们既无法喜欢自己也不能获得归属感。但是，认为他人并非什么可怕之人，而是会在必要之时想帮助自己的同伴和朋友，这也并非那么简单的事情。似乎很多人会说喜欢自己确实能够做到，但他人还是可怕和无法信任的。

导致这种状况的一个原因就是在成长过程中经常被批评。谁都无法喜欢批评自己的人。所谓的爱之鞭策之类的说法也并非实情。那只不过是大人想要通过批评这一方式让孩子听自己的话而已。

就我的经历而言，虽然平时温厚的父亲只在小学时打过我一次，但我却一直无法忘记。现在想来，我那次挨打其实是因为自己做了令正义感极强的父亲难以忍受的事情，可不知是幸运还是不幸，导致自己挨打的事件本身现在已经记不得了。其实，我并不是因为这样的事情而疏远父亲，我之所以一直无法忘记这件事，是为了达到不拉近父子关系的目的。认识到这一点之后再站在大人的视角来讲，批评孩子在解决问题方面确实见效快，但也存在着使孩子与大人关系疏远的副作用。

孩子或许会因为惧怕批评自己的大人而停止问题行为，但却不会对批评自己的大人感到亲近。孩子也许并不愿听大人的话，即使听，也并非发自内心。大人往往并不知道那些可以代替批评的教育方法。被批评着长大的人或许也不知道。

批评甚至虐待一直存在，虽然也有不知道其他教育方法这方面的原因，但进一步讲，被批评着长大的孩子在成年后养育自己孩子的时候，往往会想自己的父母是否爱自己并试图证明父母的确爱自己。因此，他们就会认为自己爱孩子并且可以批评、训斥孩子。实际上，当父母批评、训斥孩子的时候，父母与孩子之间的距离就会被拉大。那时候，亲子之间已经没有爱存在了。爱孩子同时又去批评、训斥甚至打骂孩子，这本来就不可能。

由于以上原因，孩子往往就会将批评、训斥自己的大人看作这个世界的代表，继而就会视他人为可怕之人、敌人，而非同伴。

在表扬中长大的人也会在他人没有像自己所期待的那样表扬自己的时候将不表扬自己的人视作辜负自己期待的恶人。

就像前面提到的，他人也许会帮助自己，但那也是他人的好意，而并非义务。并且，他人也许会关注或认可自己，但若是因为他人没有满足自己的期待就失望或不满，那就有失妥当了。

在表扬中长大的人往往会将不满足自己期待的人视为自己的敌人。如果是那种积极类型的人，或许就会与不表扬自己的人去争斗；如果是消极类型的人，一般就会认为他人根本不需要自己。也就是说，他们找不到归属感，无法感受到自己的存在。

说出自己的诉求

认为他人理所当然地帮助自己的人往往也会视周围的人为敌人。因为，这样的人一般会认为即使自己保持沉默不说出自己的困境和痛苦，他人也应该明白。

前面也已经看到了，他们常常会强调体贴或体察的重要性。倘若他人沉默不言也能真正明白其所思所想，那倒也还好。可实际上那是不可能的事情。即便关系再亲近的人，也与自己存在差异。所以，我们不可能完全了解他人的所思所想。

问题是那些声称他人即使什么也不说自己也应该明白其想法或心情的人势必也会要求他人如此。并且，如果他人不能体察到自己的需求，就会大加怪罪。他们往往会抱怨自己如此难过、如此痛苦却得不到某人的帮助，可即便如此，如果他们不将自己的诉求清楚地讲出来，那么还是无法传达给对方。

当然，即使直接讲出自己的诉求并向他人寻求帮助，也有可能遭到拒绝，但还是应试着说出自己的诉求。倘若是正当的诉求，对方应该会答应。尽管事情并不能一概而论。

那种无法信任他人，不能视他人为随时会帮助自己的同伴的人，往往更容易产生一些问题行为或者罹患神经症。

人无法独自生存

人无法离开他人的帮助单靠自己的力量独自生存，所以，很多时候不得不向别人求助。但是，因为没能获得帮助就视他人为敌的人一般也并不想对他人有所助益，也无法通过那种方式感受到自己有用继而获得归属感。

人无法一个人独自生存的意思并不仅仅是说人是一种弱小的生物。现在大家可能都已经不记得了，刚出生不久的时候，不管昼夜，每隔两个小时，你就会哭着寻求母乳或牛奶。因为，那时候不那么做就活不下去。可是，你如果听到大人以这样的事情为例对自己说"不要以为你是一个人独自活着"之类的话，也许你会很不高兴。我在这里也并不是要让大家为此去感谢父母。

日语中有"人间"这个词，如果只有一个人的话，这个词并不成立。与其说那些孤立生活着的人在有需要的时候也会涉入与他人之间的关系，还不如说一开始人就是日语中所说的"人间"，离开与他人之间的联系根本无法生存。倘若一个人独自生存，那就不需要语言了，也没必要向他人说明自己的观点或想法。

前面已经提到，很多人都会害怕他人的评价，而在意他人评价这件事本身就已经表明人活着根本无法脱离与他人之间的关系。

与他人如何建立联系，是一个值得认真思考的问题。究竟视他人为敌，还是将他人视为自己的同伴、朋友？其中就会出现巨大的差异。即便是相互敌对的情况，双方也还是以敌对这一形式相互联系着。有时候，他人总是会以阻碍自己去路的人的身份出现。可我们既不能无视他们而我行我素地活着，又不能让他们遂自己所愿。当然，他们也有自己的意志或愿望，而那未必与你的意志、愿望相一致，因此就会发生人际关系方面的纠纷。你想要做的事情不一定会得到父母等他人的认可。

但是，像这样，他人的确有妨碍自己自由生活的一面，但我们也不能忽视他人可以帮助我们完善自我的一面。例如，人是四角形，而其四条边中的一条边不是实线而是虚线。这条虚线处是向他人敞开着的，因此，人会与他人接触。如此一来，在与他人接触的时候，双方就会共用一条边。你会因此将他人的一条边或者一个面变成自己的；而另一方面，与你接触的人也会从你那里获得那条边或者那个面。

例如，你还是婴儿的时候，必须依赖母亲。你那个时候往往会通过哭泣等方式来表达饥饿以获取食物。但是，母亲也并不是只照顾你、为你付出却什么都得不到，或许由于你的存在，母亲自己的那条边或那个面向你敞开的地方也能够得到填充。那样的母亲还会以同样的方式去与她自己的母亲或丈夫接触。

这样的关系既有可能成为直接给予对方或对方给予等的形式，也有可能成为转来转去再转回到自己身上的形式。有的人会对孩子说"你可不是一个人活着，多亏了父母你才能长这么大"之类的话，他们那么说是想要强迫孩子回报父母。但实际上，站在孩子的立场上看，孩子很难回报父母什么。就我而言，即使想要回报母亲，母亲也已经不在这个世上了。但我认为即使没法直接回报母亲，也可以将母亲曾经给予我的关爱传递给我自己的孩子，即便不是传递给我的孩子，也可以以某种形式回报给社会。

总之，人活在被给予、去回报这样的一种相互关系之中，但却并不是位于这种人之关联（世界）的中心，世界也不是围着一个人转。

人能够感觉到这个世界上有自己的位置，这一点非常重要，从这个意义上来讲，人的确位于世界之"中"，但却并不是位于世界的"中心"。

因此，即使说自己独自生活，也还是需要他人给予。不仅如此，既然人的存在方式就像刚刚看到的那样是一种相互关系，那就希望大家也尽可能积极地想着去给予他人。我们并不是仅仅依靠自己一个人活着，还要依赖他人而存在，他人也是一样，希望大家不要一味地想着他人会给予我们什么，而是要多多思考自己能给予他人什么。

由于你与他人处在这样的关系之中，所以，不必认为什么事情都必须自己去做。实际上，你也做不到。有时候，做不到的事情也有必要勇敢说做不到。认为获得他人帮助是件很自然的事的人也许无法想象，但有的人就是什么事情都自己独自背负并常常因此而走投无路。其实，接受他人帮助并不是什么丢人的事情。

问题是有的人就连那些必须由自己去做并且也能够做到的事情也想依赖他人，自己什么都不想做。我的建议是，自己能做到的事情尽可能自己去做，但如果他人向你求助，你要尽可能地去帮助对方。倘若所有人都能这么想，那么这个世界就一定会发生变化。

一切都取决于决心

就像这样，如果能够视他人为同伴并可以通过为那样的同伴做贡献而认为自己有价值，那么你就可以获得解决人生课题的勇气。但就那些被挫伤了勇气的人而言，由于无法获得解决人生课题的勇气，所以便认为自己没有价值。因此，他们首先要做的就是拿出勇气。可仅仅告诉一个人要拿出勇气，恐怕那个人也很难做到。所以，那些被挫伤了勇气的人要从能够做到的事情开始，试着去做一些可以令自己感到对他人有用的事情。若是那么做了，他们也许就会获得与之前不一样的感受。

要想对他人有用，你就需要摈弃那种视他人为敌的做法。那些不想对他人有用的人，为了不想对他人有所助益，总能从他人身上找出一些妨碍自己那么做或者能够让自己视对方为敌人而非同伴的因素。

大家讲话的时候或许会紧张吧。那种时候，也许有人会认为他人在嘲笑自己。但是，在自己听他人讲话而对方却讲不好的时候，你会嘲笑那个人吗？难道你不是想要去帮助和鼓励对方吗？倘若如此，在自己遇到那种情况的时候，你或许就会认为他人也不会轻视你了。

想要对他人有用这件事有时也许会莫名令你觉得难为情。或者，你也许并不想去做那样的事情。我已经反复写过好几次了，不要想着让他人对你说谢谢。即使你没有特别意识到想要对人有所助益，有时候只是去做自己想做的事情，结果也会对他人有所帮助。

例如，若有朋友因为突然生病而住院，我们也许会去探望。与其说这是为了那个人，倒不如说更多的是因为担心对方才去探望。若是自己住院，倘若有人说因为觉得无聊才前来探望，那么你听了之后或许也不会高兴吧。

接受他人所求，并且还是毫不勉强地自愿接受，这并不是一件简单的事情，因为谁都不愿意将自己想做的事情和必须做的事情放在次要位置。即便如此，某日你突然决定对他人所托之事欣然应允的时候，心情还是会意外地舒畅。那种时候，即使不对他人有所期待，他也会觉得自己有用，并且还会逐渐喜欢那样的自己。

世界是危险之地吗

也许有人会说问题不在于周围的具体某个人。可能有人认为身边的人虽然会帮助自己，但稍微往远处看的话，就会感觉这个社会或世界充满危险，自己也很难与那些不喜欢的人打交道。看到报纸或新闻等报道的事故、事件、灾害、战争之后，你也许就会认为他人不是"同伴"而是"敌人"，可能自己一不小心就会遭陷害，认为这个世界是非常危险的地方。

当然，如果说这个世界没有一点儿危险，那或许也是谎话。可是，煽动过度的不安也不对。倘若太过强调外面世界的危险性，那么一些原本就不愿到外面去的人就会将世界很危险这一点作为其不到外面去的理由。实际上，即便没有不到外面去这一点，他们或许也不想积极地与他人交往。

或许我们并不能将通过报纸或新闻了解到的事情一般化，继而去说"人人（都）是我的敌人"。危险确实存在，但若是认为人所生存的这个世界到处都是危险，片刻不能大意的话，那也有些焦虑过度了。即便不能说世界并不危险，但还是要认识到遇到危险事件时依然会有一些守护我们的人。

二十多年前，我的母亲因为脑梗死住院。当时的情况与现在有所不同，病人输血需要有献血记录本，即生病前如果献过血，自己生病的时候就可以获得输血。当然，也并不会因为之前从未献过血，自己需要输血的时候就不能获得输血。但是，要想获得输血，即使不是本人的献血记录本，也需要有家人、亲戚或朋友的献血记录本。

因为我主要负责在医院照顾母亲，所以就由父亲和妹妹到处去找亲朋好友借献血记录本。妹妹当时在小学工作，学校召开员工会议的时候，她刚一提出拜托大家帮忙借给母亲献血记录本用，马上就得到了几位老师的帮助，为此，她说当时特别高兴和感动。

我的祖父在战争中脸部被燃烧弹炸成重伤。祖父去医院治疗的时候，每次乘坐电车都会有人为其让座，这件事情母亲经常提起。我觉得母亲的话里包含着现在的社会风气与过去不一样了之类的意思。但当今时代，人的善意也并没有完全消失。即使那些看上去有些冷漠的年轻人，如果你说让他们挪一下占着座位的包，对方也会爽快地答应。而且，看到孕妇就主动让座的往往也都是年轻人。

即使有一些例外，那也并非所有人都是敌人。确实有人想要把别人都想成敌人，但那种想法其实包含着回避与人交往的目的。

树立自信

若想视他人为同伴而非敌人，并通过为他人贡献而接纳自己，你就要进一步去树立自信。

古罗马诗人维吉尔曾说："因为认为能做到所以才能做到。"当然，也有一些不可能完成的课题或者极其困难的事情（例如，我无法跑完全程马拉松），可即使做一些能够做到的事情，一旦你认为自己做不到，那么就能找出许多做不到的理由。真是不可能完成的事情另当别论。其实，很多事情仅仅是认为做不到，而实际上是可以做到的。

可是，有的人往往会早早地就认定自己做不到，并觉得自己赶不上别人。如此一来，他们就会过低评价自己，并且让这种想法成为一种固定观念。拿我自己的经历来讲，小学一年级第一次拿到成绩表时，看到算术成绩是 3 分，那之后，我便开始认为自己不擅长算术甚至是数学。我小时候，即使小学一年级的成绩表，一开始也是五级评分制。3 分这个级别也可以认为并不算坏，但那之后我还是在算术甚至数学方面产生了自卑感。自卑感终究是一种劣等感觉。因此，一旦本人认定那样，想要从中摆脱出来并不简单。被大人说"你不行"之类的话，孩子也会形成一种固定观念。

按理说，这种自卑感本应该只是算术方面的，可就像生物中学到的利比希最小因子定律一样，即便在其他方面有自信，仅仅一个方面感觉不足的话，其他方面也会受到影响。有了这种自卑感，即使你实际上并不差，也会感觉自己差。

坦率来讲，拥有自卑感也是为了让自己和他人都接受自己无法致力于课题这一点。害怕评价这一点前面已经提到了，这也并不是因为害怕评价才不去致力于课题，而是为了不致力于课题才搬出害怕评价这个理由，这样去理解才对。但是，即便那样，如果没有了害怕评价这一障碍，即使课题本身依然很难，你也不会再想要通过完成课题来获得他人好评，相反，也不会再去介意一旦失败别人会怎么看自己。为了不失败，你有时甚至也会不去挑战课题。但是，遇到课题，你只需要从能做的地方开始慢慢去做，失败了就重新去挑战就可以了。这比起不去致力于课题，还是要好太多。不去致力于课题的目的大家已经明白了吧，那就是保留一种"如果做就能做到"的可能性。

如果不害怕被评价或失败，那么你就能够从当今往往被认为理所当然的竞争中解放出来。即便像考试之类的竞争，问题也只在于能否顺利完成课题；即使失败了，有关自己（人格）的评价也不会因此而有所降低。

害怕失败的人比起解决课题，往往更关心围绕课题所产生的人际关系。倘若有人过于在意致力于课题之后课题完成情况所带来的他人看法，并且害怕失败导致评价降低，继而放弃课题的话，可以说那样的人考虑的只是自己。因为，任何课题都不仅仅是为了自己而去做的。

那么，如果消除了自我设限方面的错误观念，不再害怕他人评价的话，是不是就能马上什么都能够做到呢？当然不是。

因为，任何事情一开始都很难。恐怕也没有人一开始就会骑自行车或者游泳吧。即便再怎么难，自己的事情都只能由自己去做，任何人都无法代替。但是，如果坚持不懈地去努力，很多最初认为根本不可能做到的事情，过一段时间之后也真的能够做好了。

像这样，如果肯努力，即使一开始认为自己并不擅长，也能够慢慢去克服。即便是在遇到被人责难的事件之后形成了自己很差等固定观念（自卑感），那样的事件也并非形成自卑感的原因。与其说是"自己不行"成了一种固定观念，不如说是为了不去致力于课题而让其成为一种固定观念。这就跟害怕评价一样。

常有人在回顾年轻岁月时说后悔自己当时没怎么学习，但我却认为不可以被那样的话所迷惑。我曾为一个想要成为钢琴家的高中生教英语。她三岁左右开始弹钢琴。有一次，我问她："你就从来没有想过要放弃弹钢琴吗？"

"一次也没有过。"

"有没有感到过练习弹钢琴很辛苦？"

"一次也没有。"

她并非被强迫，而是处在一个能够愉快弹钢琴的环境之中。在那样的环境下，她下定决心要当一名钢琴家。如果是自己喜欢的事情，努力时就不会感到痛苦。老师或父母往往会认为文化学习和音乐练习似乎是什么必须拼命忍耐的痛苦之事，好像忘记了其中的乐趣所在。记得学生时代经常对自己说会努力也是一种才能。学习自己不知道的东西，的确需要付出努力，但我认为这原本也是愉快的事情。

极限并非外界所给，实际上是自己为自己设定的。

乐观主义

当然，实际上确实有一些课题非常困难，有时还无法解决。而面对某些困难课题时，可以采取的态度却有所不同。

乐观主义者往往认为不会发生坏事，"自会"有办法，根本不去分析自己能做什么，自己也什么都不做。但是，那些看上去总是非常乐观的人，一旦遇到彻底颠覆这种盲目自信的事情，他们往往会立即变成悲观主义者，并会对所有事情都感到绝望。悲观主义者一般不会想去做一些打破自己所处困境的事情。另一方面，有勇气的乐观主义者即使身处困境，也会想办法做些力所能及的事情。当然，并不是所有的事情都能够解决。尽管如此，乐观主义者也不会什么都不做，而是会主动做一些能做的事情。

有这样一个故事：两只青蛙在牛奶罐上面玩耍。可两只青蛙都掉进了罐中。其中一只悲观主义的青蛙觉得反正是没希望获救了，便什么都不做，因此被淹死了。而另一只青蛙是乐观主义者，虽然它不知道结果会怎样，但还是尽力去做一些自己能做的事情，于是便来回游动奋力挣扎。就那样，不知不觉间，牛奶变成了奶酪。最终这只一直奋力游动的青蛙就这样免受一死。

有时候人只能自己想办法做些什么，这虽然有些残酷，但无论陷入任何极限状况，人都可以保持自由、获得幸福。

做自己命运的主人

即便是发生相同的事情，理解方式也会因人而异。乐观主义者往往拥有一种盲目的自信，认为无论发生什么都没关系，但残酷的现实常常会使那样的人轻易陷入悲观。另一方面，有的人会认为自己的命运无法改变，并以自己生长在阴郁家庭氛围之中为由，认为自己必将陷入不幸，这也不对。

人既不能太过乐观，也不能陷入悲观。如果人能在自己力所能及的范围内积极地做一些事情，那么就不会任由命运摆弄，而是可以成为命运的主人。

第四章　如何与他人相处

构筑人际关系

上面分析了自己的生活方式并非与生俱来，如果人们下定决心，就能够去改变。关于如何改变的总体方针，我想大家也已经明白了，本章将进一步分析如何构筑与他人之间的人际关系。

停止竞争

宫泽和史在《在那不同寻常的地方》——歌中说"我"

为了获得表扬而一直在生活中排挤他人，可就算走到银河系的尽头也还是没有一个人表扬我。宫泽和史在这首歌中将表扬和竞争联系起来加以审视，我觉得这一点非常有趣。

的确，似乎有很多人会为了获得表扬而在生活中"排挤他人"。幼小的孩子往往会缠着父母或老师说："表扬我！表扬我！"即便是大人，也会为了获得他人赞赏而努力。为了获得表扬，人就必须拿出成果。如果获得了好的成绩也许就会被表扬。但是，倘若认为无法取得那样的成果，人往往就会想方设法取得成果，为此就会做一些不妥之事。例如，在考试时作弊等。

一开始，有些人也许并没有想要获得那么高的分数。可假设他们取得了意想不到的好成绩，如果并不在意他人怎么看自己，那么下次即使成绩不好也没有关系，因为只要通过考试认识到自己的不足之处就可以了。但是，倘若在意他人怎么看自己，那么他们就会认为无论使用什么手段也必须要取得好结果。

作家恩田陆这样写道："之前一直在奋力飞翔，但任何一处原野都可以是目的地。而今却想要降落在预先在地面上画好

的直径不过五米的红色圆圈内。"(《小说之外》)

最初的打算可能只是写完就好，但作品一旦被评价，圆圈就会逐渐变小。但是，尽管如此，这依然是由自己做出的选择。丝毫不在意他人评价，一心只想着写出好作品，或许也很难做到吧。

如果只想着与他人竞争，往往就容易认为为了赢得竞争做什么都是不得已。但是，即便以这样的方式赢得了与他人之间的竞争，也还是没有一个人表扬自己的话，那会怎样呢？

无论是兄弟姐妹之间的关系还是其他的人际关系，可以说只有那些输了竞争的人会失去心理平衡。大家或许会认为没有得到表扬或者受到了批评的孩子输了竞争。

损害心理健康的最大因素就是"上下关系""纵向关系"，以及由此产生的"竞争"。人往往都想居于他人之上。就社会整体来看，在竞争中，有人胜出就意味着同时也一定会有人输掉。

前面已经讲到，输了竞争的人往往会失去心理平衡，但不可忽视的是赢了竞争的人一般也不会获得心理上的平静。因为，如果不战胜敌人就无法安心。对那样的人来说，他人是敌人，这个世界是一个危险的世界。真正优秀的人没有必要去证明自己的优秀。认为必须证明自己优秀的人实际上会认为自己不够优秀。但是，任何事情，一旦有意去加以证明的时候，往往就会做过火。

在与他人之间的竞争中，试图想尽一切办法获胜的人往往不打败他人便无法安心。但是，如果没有他人，也就没人夸赞自己赢得竞争，没人认可自己的能力。

的确，这个社会不可能完全没有竞争。升学或就职考试之类的事情就是与他人之间的竞争。但是，这与将日常中的人际关系视为一种竞争是两回事。

在人际关系中，人需要构筑的是合作关系，而不是竞争关系。懂得与人合作的人在必要的时候会去竞争，但只知道竞争的人却不会与人合作。

不要随意卷入竞争，这也许有些难理解。假设人在平面上走，有人急匆匆地走在前面，有人慢吞吞地走在后面。虽然有前后之别，但都走在同一平面上。所以，人的价值并无上下之分。即使有差别，也无关优劣。社会中也存在任务、职责等方面的差别。但是，那种差别并不意味着人际关系的上下之分。如果是竞争，那就意味着从平面向上竖立一把梯子。在攀爬梯子时，大家都想爬得比别人更高。那时候，大家就必须将走在狭窄梯子上的人拉下来。

教育学家奥斯卡·克里斯汀森的第二个孩子是个女儿，她一上小学便每天教自己的弟弟认字。弟弟五岁的时候就已经能够读书看报了，而且，坐在餐桌对面朗读父亲正在看的报纸时，他比爸爸默读得还要快。

但是，克里斯汀森说这并不意味着儿子就赢了与他的姐姐之间的竞争。儿子之所以能够很好地阅读图书和报纸，是因为姐姐很会教他认字。弟弟非常感谢姐姐，姐姐也以自己的弟弟为傲。后来，每当姐姐在数学方面受挫的时候，弟弟就会耐心地教姐姐。克里斯汀森说姐弟之间一直是这样互相合作与促进的。

也许有人会说这只是兄弟姐妹之间的故事。但实际上，就像前面提到的，很多兄弟姐妹之间也存在竞争关系，或者说，正因为是兄弟姐妹，相互间的竞争才更加激烈。

平等关系始于讲出自我主张

前面已经提到，并没有所谓的"反抗期"，只有引起孩子反抗的父母。倘若父母能够与孩子进行恰当的交流，孩子学会妥当表达自我主张，那么孩子就没有必要反抗了。很多情况下，我们无法期待父母去学习恰当的交流方法。无论是过去还是将来，大人也许会以不太高明的方式与孩子打交道。例如，父母不是想办法恰当使用语言，而是使用武力，或者是说一些诸如"有什么要求等你自己会赚钱养活自己之后再说吧"之类强硬的话。

前面已经讲过，大人和孩子是平等的。既然是平等的，那就没有理由一方必须单方面地去接受另一方的主张。

有一次，我的儿子和女儿时隔四年却说了相同的话，这令我大为震惊。对此，我并不认为女儿与她的哥哥商量过。两个人是这么说的：

"这样的事情即使讲出来或许您也不会答应，但为了慎重起见，我还是想跟您说一说，可以吗？"

有时候，大人驳回孩子的要求往往并不是由于不满意孩子所提要求的内容，而是因为不喜欢其提要求的方式。如果像我的孩子们这样去提出请求，那么父母或许就不得不听了。这样的措辞方式并不是将自己无条件地置于"下位"。大人对孩子提要求的时候当然也必须采用同样的说法，关键是大人和孩子都没有理由必须不由分说地服从对方。无论是大人还是孩子，不愿接受的事情都可以拒绝。但是，提要求的一方必须恰当地使用语言，以便对方能够接受自己所提的要求。

并且，如果是请求，对方就有拒绝的权利。因此，想让对方做什么事的时候，措辞要尽量委婉，以便给对方留出拒绝的余地。如此一来，虽不能断言，但在很多情况下，即便是原本以为不太合理的要求，对方也会意外地答应。例如，在请求对方做什么事的时候，可以使用"能请您帮忙做×××吗"或者"要是能请您做×××的话，那我可真是太高兴啦"之类的措辞方式。

可是，大部分人都不懂这个道理，再加上如果对自己所提要求的内容感到有些内疚的话，往往就会采取傲慢的说法。例如，跟父母要钱的时候，有些人直接态度生硬地说："给我钱!"跟父母要钱，这本身并不是什么可耻的事情，但是，他们用生硬的态度讲出来，交涉似乎从一开始就会陷入僵局。

如果人能够用清晰的语言表达自己的主张，那么就没有必要再去感情用事了。并不是人心中涌起的怒气使语气变得粗暴，而是首先有了让对方认可自己的观点或者操纵他人之类的目的，然后才会为了达到这种目的而有意制造出怒气当作手段。的确，对方或许因此真的会因为害怕而听话，但那并非心甘情愿地听从。

但是，成功地通过发怒去操纵他人的人一般不会想到那种方式对人际关系的破坏性，也很难摆脱用发怒的方式去与人沟通的做法。即使没能成功地通过发怒的方式操纵他人，不知道用其他方法表达自我主张的人往往依然会心怀侥幸地想如果自己再愤怒一些，对方也许就会改变主意，并听从自己的话了。

可是，没有必要感情用事地做出故意大声关门之类的行为。希望对方做什么或者不做什么，用语言好好地讲出来就可以了，至少可以把自己的怒气用语言传达给对方。例如，你可以直接跟对方说"你刚刚说的话令我很生气（受伤）"等。

当然，谁都不会认为发怒是好事。也有人会说自己实际上并没有想要这么感情用事，但就是没能抑制住怒火。说忍不住才发了火，这只不过是为自己的冲动行事找一个正当理由。与其说是受怒火驱使，不如说是为了达到让人按照自己的想法行事这一目的而有意去利用愤怒情绪。

但是，与发怒者的预期不同，实际上，发怒不仅不能拉近彼此之间的距离，还会让双方变得更加疏远。因此，发怒这种方式并不能让他人按照你的想法去做事情。

我曾负责接送孩子们上幼儿园。有一次，遇到了这样一件事。我像平时一样送孩子到了幼儿园，但这次情况却与往常不一样。两岁孩子的班级有两名负责教师，一位是老教师，另一位是年轻教师。两个人当时正在谈论事情，由于我进了教室，他们就突然停止了谈话。但我一眼就能看出来情况有些异常。

仔细一看，那位年轻的教师正在哭泣。他低着头，努力不让眼泪流出来。周围站着几个一脸担心的孩子。两位教师分别坐在教室的两端，彼此离得很远。一定是那位年轻的教师有什么事情没做好，而另一位有经验的教师则正在对此加以责备吧。那位有经验的教师不久便总结性地说："有什么想说的话，你就说吧！"

一旦情绪性地对人加以批判或训斥，双方的关系就会变得疏远。人们经常犯的一个错误就是，先在自己与对方之间制造一段距离，然后又想要去补救。就像教室的一端和另一端这两位教师之间的物理距离所象征的一样，两个人之间的心理距离非常远。人首先必须去做的是拉近与对方之间的距离。如果不拉近距离，那就无法施以援助。

像这样，即便是正确的言论，或者说，正因为是正确的言论，如果有人情绪化地将其观点强加给你，那么你往往也无法接受。当有人一脸阴沉地对你讲"有什么想说的话，你就说吧！"的时候，你会愿意跟其说些什么吗？

交流顺畅的时候，你就能够感觉到跟对方很亲近；相反，因吵架而变得情绪化的时候，你就会感觉对方离自己很远。当彼此远离的时候，你的任何观点都很难被对方接受。

拿恋爱来讲，爱情并不是与人际关系毫不相关的于某一天突然浮现出来的，而是在感觉与某个人能够良好交流的那个瞬间才逐渐喜欢上对方的，可当愤怒情绪出现在两人之间的时候，爱就已经不存在了。

如此一来，明明原本是想要与对方搞好关系的，但当愤怒情绪出现的时候，你的主张就无法顺利传达给对方，与喜欢的人之间的距离也会随之加大，本来期望的事情就无法达成了。人在不感情用事的时候，常常能够更好地传达自己的主张。即便那未必会被人接受。即使对方接受了自己的主张，如果不是心甘情愿地接受，那么也没有意义。

如果能够恰当地表达自我主张，那就没有必要感情用事了。实际上，想说不行又说不出来的时候，你也没有必要让自己陷入神经症的痛苦之中。例如，就像前面提到的，愤怒是为了操纵对方而制造出来的一种情绪。在有些人的成长经历中，自己一发火，周围的人就满足自己的要求，这样的人长大之后或许也会去做同样的事情，但发火会消耗人相当大的精力，所以，我并不建议大家利用这种情绪。应该怎么做，大家已经明白了吧。

有一次，我问儿子："你说话怎么总是那么直接呢？"

对于我的问题，儿子这么回答："可那样不是反而表达得更清楚吗？"

的确如他所言，所以，我也就没有再说什么。

我小时候从未和父母吵过架，也没有态度粗暴地大声与他们讲过什么事情。可是，事后想来，那或许只是因为我没有把自己的主张表达出来。长大之后的某一天，我对父亲说想要他为我买辆自行车。于是，父亲欣然应允，并说"你还真是很少主动说想要什么呢"，然后就高兴地买了我想要的自行车。如果不表达自己的主张，也就不会吵架，可那样你便无法将自己的主张传达给对方。

写到这里，我突然想起自己也曾经对父亲态度粗暴地讲过话。那好像是因为有一次父亲干涉我的人生，现在想来我那时的想法的确不对，可当时并不这么觉得，于是生平第一次态度粗暴地跟父亲大声讲话，对此，我自己也有些吃惊，并马上感到很不好意思。因此，我对父亲说："我感觉您刚刚对我讲话时就像高高在上的人。"

虽然我不知道父亲是否理解了我的这种说法，但父亲接着便说："或许是我的说话方式不好吧。"

然后，父亲就语气平和地讲了一件我之前从未听到过的他年轻时候的故事。我花了很长时间才学会跟父亲好好对话。

当今时代，人们往往会强调察言观色的重要性，一味重视协作精神，可我们不能顶着即使不说也要明白的压力，即便认为不正常也察言观色地保持沉默，而要鼓起勇气表达自己的主张。那样做也许多少会引起一些矛盾，但若是什么都不主张，或者是间接地去主张，年轻人就会愈发陷入不利境地，这是我不希望看到的情况。

取代复仇的方法

每次看到年轻人自杀的消息，我都深感惋惜。据报道，年轻人自杀的动机往往是遭到欺凌或者受到老师体罚之类的事情。但报道常常又会说当事人自杀前并无什么异常现象，或者是，虽然受到欺凌，但之后并无异常，很难想到其会自杀。有一位自杀的年轻人在遗书中列出了同班同学的真名并写明自己自杀是为了"复仇"，但这种牺牲自己去复仇的方式似乎代价太大了。

过度渴望被关注的人如果觉得自己无法通过妥当的行为获得关注，那么就会开始做一些令周围人着急的事情。倘若那样依然无法获得关注，他们往往就会挑起权力之争，也就是想方设法地寻衅滋事。而那些在吵架争端中输掉的人一般就不会再直接出现在吵架对手的面前。他们常常会转入背面，在对方看不到的地方，试图做一些比发火更令对方不愉快的事情。那就是复仇。

即便不是通过自杀去复仇，有人也会采取不去学校上学之类的做法。但是，这种方式也丝毫不值得提倡。有时会遇到咨询者跟我讲一些诸如因为不喜欢老师的所作所为而想要退学之类的事情。可是，倘若他们为了报复伤害自己的教师或学生而耽误学业，那么最终受害的只有自己而已。如果不是处在义务教育阶段，有时还会导致他们无法升学。

我认识一位老师，在长达七年半的时间里，这位老师每天晚上都会接到无声电话。某天，这位老师突然想到了某位自己教的学生。猜想总是给自己打无声电话的人或许就是那个孩子。那天也像往常一样，电话又打来了。老师拿起听筒，对方依然默不作声。这位老师便直接问对方："××君?"结果，对方还来不及仔细思考便下意识地回了一声"到"。

尽管如此，这位老师未免还是有些太过迟钝了。我听到这件事的时候忍不住想，这位学生的问题也很大，与其坚持打七年半的无声电话，还不如好好想一想是否有其他恰当的解决方法。

的确，或许很多人都曾被他人的不当言论所伤。可是，即使受了伤，只要自己保持沉默，对方往往也不会知道。

换个角度来想，你在与人打交道的时候，即便再怎么措辞周到，也还是有可能会无意间刺伤他人。那时，如果对方也不指出来，就那样默不作声地在心里给你定罪的话，又会怎样呢？或许你会认为与其那样，还是更希望对方直接跟你讲明吧。"并非有意"之类的辩解，很多情况下都会无效。可是，倘若对方能直接说出来，你还可以进行必要的辩解和致歉，那么也可以修正自己今后的态度。在生活中给他人造成了伤害而不自知，是一件非常痛苦的事情。

我们必须时刻注意，以免伤害到他人。此外，倘若受到伤害的人默不作声地给伤害自己的人定罪，那么问题也得不到解决。在心理咨询中，如果患者只是一味地倾诉自己如何可怜或者令自己陷入痛苦的人如何过分，那丝毫不会有助于问题的解决。听到有人说不是你的错，或许你会感到心情愉快。同样，倘若患者听到心理咨询师说可以归咎于他人或者之前的痛苦就是因为没能意识到错在他人之类的话，即便心理能够获得一时的轻松，也并不会从根本上解决问题。我称这种心理辅导为免罪式心理辅导。可即便去责怪他人或者抱着自己什么都不做就会被治愈之类的幻想，患者也根本得不到真正意义上的轻松。

打无声电话或许的确会令对方感到痛苦，但真正需要做的还是"直接"讲明自己因为对方的言行受到了伤害。

不过，我刚刚是在将受伤害作为不言自明之事的基础上，建议一旦受到伤害便直接告诉对方。可即便是相同的话，也并非人人听了都会受到伤害。在被责怪失败的时候，认为对方是就失败的事情本身而提醒自己的人一般就不会感到受伤。而认为对方是在指责自己人格的人，在那种情况下就会觉得自己受到了伤害。因此，为了不受伤，无论对方说什么，你都不要认为那是对自己人格的责难或攻击。这也可以说是一个令自己免受伤害的方法。

另一个可以让自己免受伤害的方法就是尽可能发现对方言行中的善意。我的母亲很早便去世了，我曾和父亲生活过一段时间。开始的时候我们总是在外面吃饭，可这样花费很高，正琢磨着必须想个办法的时候，有一天，父亲突然说："必须得有个人做饭啊。"父亲说这话本身只是在叙述我们当时所处的状况，也就是必须得有人做饭，但我却明显觉得父亲是在命令我来做饭。因为，面对父亲说的"必须得有个人做饭啊"，我并不能若无其事地敷衍一句"是啊"。

顺便说一下，希望别人做什么事的时候，如前所述，通过叙述状况间接地去传达，称不上是一种高明的交流方法。即使你说"好热啊""我口渴"，对方可能也不会将那些话的意思理解成让他调低空调温度或者希望他给你水喝。而因此应该受到责备的不是对方，而是不直接表达自己意图的你。

继续刚才的话题，这种时候我直接理解成父亲是让我学习做饭，于是便开始挑战做饭。做饭倒也很愉快，这甚至都让我有些后悔没有早些学做饭。之后我买了好几本书回来照着做，会做的饭菜渐渐多起来。可自己终究还是一个初学者，因此常常会耗费很多时间，这一点有些令我受不了。

有一天，我要做咖喱饭。参考书上写着要将咖喱粉炒一下来制作调料。所以，为了不糊锅，我特意用了微火去熬制，前后花了三个小时才做好。不久，父亲回到家，尝了一口我做的咖喱饭，接着就说："别再做了哈！"

　　这时，我觉得自己被父亲的话刺伤了。我花了那么长时间做好了咖喱饭，父亲却连一句感谢的话也没有，还突然那么说，真是太过分了。当时我甚至想以后再也不给父亲做饭了。

　　但是，父亲的话并非像我理解的那样，是"别再做这么难吃的饭了"之意。他的意思是说"你还是个学生，必须好好学习，所以，'别再做'这么耗费时间的饭了"，可我意识到这一点却是在十年之后。

　　当然，我完全没有必要等上十年才认识到父亲的话中真意，当时直接问父亲那么说是什么意思就好了。如果做不到这一点，也许至少可以做到尽可能去发现其话中的善意。我们自己需要尽可能讲清楚以便不被对方误解，但对方却未必耐心且详尽地跟我们说清楚。如果彼此的关系不好，一方无论说什么样的话都能够令对方轻易发现其中的恶意。倘若尽可能去发现对方话中的善意，双方的关系就会因此发生变化。

　　父亲并不记得这件事情，但我却自以为父亲的话不用问就能明白，还总是为此感到烦恼、受伤，这实在是一种愚蠢的做法。

唯有自己能决定

希望大家都能够像前面提到的一样直接去表达自己的主张。但这并不是去苛责他人。即便是有意攻击甚至报复他人，那也只能是白费力气，你根本无法获得自己想要的结果。

不过，积极表达自己的主张也的确容易引起纠纷。也有人为了回避纠纷而不去表达自己的主张。可是，如果你不表达自己的主张，就无法将自己的想法传达给别人，主张不鲜明所产生的副作用最后还得由自己来承担。

有位年轻女孩说想要整容。父母表示反对，但她根本不听父母的话。无计可施的父母与一位精神科的医生朋友商量之后将她带到了那位医生那里。她对初次见面的精神科医生说："反正您也会反对吧？"

可医生却出其预料地回答："我认为可以啊……"

听到医生这么说的父母非常生气。因为他们本以为医生会劝女儿回心转意。医生接着说："我认为您女儿可以为自己的脸负责。"

我能够想象到这位年轻女孩听到医生这么说时的心情。马上要进行手术的时候，主刀医生说："你还很年轻，别做太大的手术了，先稍微调整一下可以吗？"

于是，她接受了这位医生的建议。可是，倘若之前与那位精神科医生和父母交流不顺利，那么她也许就会出于一种不想输给父母的心情而无法下决心去听从这位主刀医生的建议。在这里，我希望大家注意一点，那就是，她能够自己决定自己的"课题"。

现在来说明一下刚刚使用的"课题"一词。

小时候，我家位于所在校区的边缘，距离学校较远，周围人家也很少，放学回到家里之后，我一般很少再出去找朋友玩儿。有一天，难得有一位朋友打来了电话，邀请我出去玩儿。我便询问母亲自己是否可以出去玩儿。于是，母亲说："那可以由你自己来决定。"听了母亲的话，我有些惊讶，没想到这事可以由我自己来决定。这是小学三四年级时候的事情。如果当时我年龄更小的话，母亲的回答或许就会不一样了吧。因为，年龄太小的孩子也许无法为自己一个人独自外出这件事负责。

我与母亲之间的这次对话表明，某件事的最终结果会落到谁身上或者某件事的最终责任必须由谁来承担，那便说明这件事就是谁的课题。

举个简单的例子，学不学习最终还是孩子的课题，而不是父母的课题。如果是自己的课题，那就只能孩子自己想办法去面对。

可是，由于很多父母不太明白这一点，于是也会认为学习是父母的课题。所以，他们便理所当然地去干涉孩子的学习。不仅仅是学习，几乎所有人际关系方面的矛盾皆源于擅自干涉他人课题或者自己的课题被人妄加干涉。作为孩子的你之所以讨厌父母说"要好好学习"之类的话，就是因为这个道理。

曾说是否接受朋友邀请可以由我自己来决定的母亲有一天也说过"今天风雨比较大，穿上雨衣再去吧"之类的话。不穿雨衣走在风雨中的确会被淋个透湿，所以，母亲的话并没有错。可是，由于只有一小段距离是直接走在露天的路上，所以，一起去上学的朋友都没有穿雨衣。那让我感到很难为情。如果大家都穿着雨衣，也就没什么了。雨天是否穿雨衣，这是孩子的课题。可是，倘若父母认为这是他们的课题并对孩子说"今天穿上雨衣再去吧"之类的话，孩子或许就会想要抗拒父母。即便孩子认为父母说得对，也会产生抗拒心理。甚至是父母的话越对，孩子越想反抗。

一旦这样的孩子长大当了父母，往往就会去干涉自己孩子的课题。那种时候，孩子只需要对父母说"这是我的课题，不是父母的课题"就可以了。虽然父母会说"我是为你着想"之类的话，可担心孩子本身是父母的课题。倘若是父母督促孩子去上学之类的事情倒还说得通，但从孩子的角度来看，根本没有任何理由可以认为自己上学是为了帮父母完成课题或者实现父母的心愿。

不过，事情有时并没有这么简单。就像刚刚看到的一样，父母有时会介入孩子的课题，但那往往也是因为孩子自己看上去似乎并不知道应该为自己的课题负责。不知道大家小时候是否有过这样的经历，自己将东西忘在了学校，却埋怨父母。既然是否忘带东西是孩子的课题，那么孩子就不能抱怨是因为父母没有提醒自己才忘了东西。不过，有时候，明明是自己的课题，可有些人就是不愿去承认。

此外，当自己的婚姻遭到父母反对的时候，一般并没有既可以与恋人结婚又可以不让父母伤心的选择，有的人就会为了不让父母伤心而选择听父母的话。这可以说是与父母对孩子说"我是为你着想"正相反的一种模式。为父母着想而与恋人分手的人很难说将来绝对不会后悔自己的决定。当后悔自己曾经听从父母意思的时候，曾经认为自己是为父母着想才与恋人分开的人，能够自己承担相应的责任而丝毫不去责怪父母吗？

有一位年轻男士很长时间都不想到外面去，一直待在家里。就父母看来，自己不能对不出去工作的孩子放任不管，一开始是母亲，后来是父亲，他们先后为此事来进行咨询。父母双方都是来咨询如何能够让孩子出去工作。可如何活着，是由孩子自己决定或者说只能由孩子自己决定的事情，用前面的话说，这是孩子的课题。

因此，即使父母来进行咨询，我能帮忙出主意的也只能是父母如何与待在家里的孩子接触这件事。此外，父母也有自己的人生，所以，我还可以帮助父母学会即使孩子待在家里不出门，他们也要去充实自己的人生。通过这样的交谈，那对父母终于明白了一个道理，那就是，即使父母，也无法代替孩子去过他们的人生。悟透这一点之后的这对父母不久便不再来进行心理咨询了。

几年后，当事人自己来了。那位年轻人说："最近，父母不再像之前那样担心我了。于是，我就开始想接下来应该怎么办。"这时候，他开始思考自己的人生，并着手解决自己的课题。消极等待也无济于事。没人会替他解决自己的课题，那也不可能做到。

长时间待在家里的他从外套中取出一本书。

"我很喜欢书。但是，因为看不懂汉字，所以，自己也知道实际上这样不行（说着又拿出一本日本国语辞典），可由于不会查汉和辞典，看书的时候就用日本国语辞典去查不认识的字。"

如果是在学校接受过教育，那么他就应该能够轻松阅读了。可我还是对他这种承认看不懂汉字并努力自学的态度产生了好感。虽然知道教育的力量很大，大多数年轻人也都不会对上学或工作产生什么疑问，往往认为大家都这么做便按部就班地上学、就业，可也不能因为考虑到这些便去判定他之前的人生选择一概全错。

总之，从感到必须去面对自己人生之时起，他就已经开始思考"今后"怎么办，以及朝"哪里"前进了。

重视课题达成与重视人际关系

在父母明白为孩子的人生烦恼并非自己的课题之后，孩子本人为了思考今后怎么办而来进行咨询，这件事说明了一个道理：在决定什么事的时候，只去考虑课题本身，这终将会对自己有利（善）。

一旦自以为正确，你往往就会陷入与他人之间的权力之争。那时，即便没有产生愤怒情绪，只要固执于自己的正确性，就无法避免陷入权力之争。我并不是说主张自己的正确性没有意义，但在这种权力之争的关系中，由于当事人过度在意证明自己的正确性并表明自己比对方优秀，双方关注的问题焦点往往容易脱离事情的正确性本身，继而转向围绕事情正确性所产生的人际关系。问题在于，是否正确原本并无胜负之分，即便最初的主张在商谈中被证明有误，那也直接去承认就可以了，但有的人却会认为承认错误似乎就是认输。如此一来，当事人就会一心只想着自己不能输，继而就会固执于人际关系中的输赢。于是，虽然知道自己错了，为了不输给父母，孩子也有可能因为赌气而做出不利决定。一旦因为抗拒父母而固执于自己的决定，那么孩子往往就会发生这样的事情。现在不再去管最初是因为与父母之间发生了什么事才决定不去上学，而能够下定决心去思考今后怎么生活，我认为能够发展到这一步对上述案例中的年轻男士来说是好事。虽然他之前一直固执地与父母进行权力之争，但由于父母从中退了出来，一个人便无法再继续争斗，课题也就只能由自己来决定了。

有人认为解决课题最重要，也有人认为比起解决课题，随之产生的人际关系才更重要。这样的人实际上并不怎么关心课题解决本身，但却会拘泥于课题解决的过程中。

例如，事情在自己不知情的时候有了进展，有的人知道后就会不高兴。即便看上去问题得到了合理解决，但他还是会因为自己没有在问题解决过程中被抬高而感到生气。

经常会有因为与这样的人产生了矛盾而来进行心理咨询的人。这样的人往往会因为不想服输而固执于自己的观点，哪怕那么做对自己不利也在所不惜。或者也有人会因为害怕损害与对方的关系而不敢表达自己的观点和主张，哪怕那是为了解决课题但实际上并不能让步的事情。

像这样的一些情况，我会尽量帮助他们去做到不要重视人际关系而应去重视达成课题。去哪所学校，到哪里工作，跟谁结婚或者是不结婚，这样的事情都是孩子自己的课题，而不是父母的课题。孩子的课题就是去解决自己所面对的课题，并承担根据自己判断所做选择带来的相应责任。即便是那种选择伤害了父母的感情，那也是父母必须解决的课题，不必由孩子来承担。即使父母因为孩子的决断而悲伤，那种悲伤也只能由父母自己想办法消解，孩子没有必要为了不让父母伤心而放弃自己的决定。

另一方面，在与父母的商谈中发现自己想法有误的时候，孩子也不要认为是输给了父母，只要坦然承认错误就可以了。倘若做不到这一点，那往往是因为重视的不是课题本身，而是围绕课题所产生的人际关系，以及人际关系中的优越地位，继而认为承认错误就意味着服输。

还有一个问题，孩子有时候会决心听从父母的意见。但那不是因为觉得父母的观点正确，而是孩子不愿承担独立决断所产生的相应责任。即便不愿破坏与父母之间的关系而不去坚持自己的真实想法，那往往也并非真正理由。说是因为想要保持与父母之间的良好关系，这听起来不错，但实际上常常是为了留有一种可能性，也就是，孩子自己不去承担独立决断所产生的责任，而是将自己不做选择的责任转嫁到父母身上。

刚刚所使用的责任一词，英语中称为 responsibility，意思就是"能够应答"（response + ability），也为在有人叫自己的时候做出相应回答。在被打破的花瓶面前，父母或老师问"是谁打破的"，对此，如果是你打破了花瓶，就应诚实回答"是我"，这就是承担责任的意思。

可是，这种时候，有人想保持沉默。因为，一旦报上姓名就必须承担责任。沉默不语，也就是不回答是谁打破的这个问题，我们称之为不负责任。

明明是自己的课题却不去做选择，这也可以说是拒绝承担刚才所讲的责任。或许也有人自己不做选择却又希望事情进展顺利，但这样的人往往自己不做选择而是委托他人来替自己选择，然后在无法取得预想结果的时候就想说自己实际上并没想那么做。

不畏惧失败

　　我在学生时代教过的一个高中生，对为自己报考大学出主意（或许也能看作干涉）的父亲说因为是自己的人生所以希望能让自己来选择。

　　"倘若现在听了父亲的建议，可四年后却后悔当初选择了这所大学，那时，父亲您可能会被我埋怨一辈子，即使那样也可以吗?"听孩子这么一讲，父亲或许也无话可说了，而孩子也会做好为自己所做选择负责的思想准备。

　　坚持自己的主张就无法避免摩擦。如果不坚持自己的主张或许能够避免摩擦，可问题就得不到解决。我还要对那些害怕被人讨厌的人再说一次，被人讨厌是自己活得自由的证明，也是活得自由所必须付出的代价。

　　不过，我们也需要警惕过分看重完成自己的课题这一点。之所以这么说，是因为也有人会因为害怕失败便从一开始就不去承担课题。如果失败了，当事人的确要为此负责。肯定会有人责备失败，那也是针对失败的课题本身，而不是人格。确实，也不能说就没有人会说一些伤害人格的话，但无论那样的人说什么，当事人都要认为其针对的是课题本身，还要尽可能去补救；如果是在感情上伤害到了某人，必要的话还要去道歉、谢罪，并且还要认真思考今后如何不再犯同样的错误，这就是为失败负责。只要是能够像这样为失败负责，那么，如果是自己的课题，你就可以勇敢去面对，不必理会周围人说什么。

虽说如此，也的确有一些非常困难的课题，这样的课题即使做不到也不会被人责备。那种情况下，你也只能从能做的事情开始着手，必要的话还需要去求助他人。也有人会独自去解决问题，可单靠自己一个人的力量根本无济于事。有那种不会去问路的人，因为不愿听人说"你看，不就在那里吗"之类的话。与其听人那么说，这样的人宁愿自己想办法，就那样白白浪费时间，以致误了约定时间，有时还会到不了目的地，这种做法自然是有失妥当。那种时候，他完全可以去跟别人打听一下。

对于那些一遇到问题马上就去请教他人，实际上必须靠自己力量解决的事情往往也会去依赖他人者，这样的事情或许根本无法想象，但做不到的事情能够坦然说做不到，这的确是一种勇气。我们需要具备不完美的勇气，还需要具备失败的勇气。

为什么要重视这样一些事情呢？因为，有的人会因为惧怕失败而放弃课题，或者从一开始就不去致力于课题。除非他们能够完美解决，否则便从一开始就不愿去做。他们之所以不去做，是因为像前面说的那样预先保留一种可能性。那就是，希望说自己如果做的话也能做到。但是，即使做一半或者三分之一，或许也远比什么都不做要强。

说到留有一种可能性这一点，对于苦恼也同样适用。苦恼于应该选 A 还是选 B 的人，并不知道只要是自己还苦恼着就可以不去做决定。由于苦恼，他们可以暂缓去面对课题，但当不再苦恼的时候，他们必须立即做出决定。

不归咎于父母

如前所述，无论发生什么事，你的课题只能由自己去解决。当然，如果需要的话，你可以向他人求助，那么做也很有必要。也许父母的言行的确有错，可责怪父母究竟又有多大意义呢？父母的影响作用的确很大。即便如此，你的生活方式也并不是由父母所决定的。是你自己选择了一种生活方式，然后才有了现在的你。并不仅仅是父母，一切人际关系、环境和过去的经历也许都对你产生了影响，但并不是这些因素决定了你的生活方式。

可是，即便生活方式是由自己选择的，或许也有人会说，那已经是很久以前的事了，当时也并不是有意做出的选择，因此也不能说是自己做出的选择。不过，即使那么说，你也已经无法再回到过去了，这一点是很明确的。倘若意识到是自己的选择并想要做些什么的话，那也只能是不再拘泥于过去的事情，而是认真思考一下今后的自己。也许你并不愿承认，但正因为生活方式是由自己做出的选择，也才能够由你自己重新去选择。倘若一切全都是由过去的事情或外在环境所决定，也就是第一章讲到的人自己没有自由意志的话，那活着还有意义吗？我认为生命的意义就在于即使有时会出错，也还是可以由自己去选择。

有的人之所以宁愿相信一切都是命中注定，并在自己无能为力的事情方面去寻求自己目前不幸的原因，是因为他想要借此去逃避人生课题。听到有人说不是自己的错，心情也许的确会变得轻松愉快。确实也有一些悲惨状况会令人忍不住想要那么说。不过，很容易想象，倘若一直停留在那种思维中，甚至就连心理咨询师也搬出咨询者本人都没有注意到的事情来让其认为现在生活的不如意并非自己的责任，如果是缺乏面对人生课题勇气的人，那么就会认为即便不能去面对课题也不是自己的错，继而就会愈发下定决心去逃避人生课题。

第五章　怎样度过人生

过好当下

倘若有人一开始是乐观主义者，后来变成了悲观主义者，或者一开始便是悲观主义者，那么往往是因为人生并不能永恒而是会在某一个时刻终结。人是否幸福，是不是不到人生的最后一刻就不能断定呢？请大家想一想一开始梭伦对克洛伊索斯说过的话。梭伦是这么说的："人只要活着，任何人都称不上幸福。"

人往往很难摆脱"人生会一直持续下去"这样一种漠然的想法。前几天我收到了同学会的通知，上面写着"人生已经过半……"。写这个通知的人跟我年龄一样，都是刚五十岁，或许是抱着人人都会活上七八十年的想法觉得自己的人生已经过半，所以才会这么写吧。如果是年轻人，可能更不会产生人生会瞬间终结之类的想法。

有的人会做一些人生规划：上大学，大学毕业，就职，买房，结婚，生几个孩子，退休后靠养老金生活……。之所以认为能够像这样进行人生规划，是因为人们总觉得可以看到人生的未来。

我在高中的时候曾经制作过自己的年表。如果是之前的事情，我就能清楚地写出几岁的时候发生了什么事；可如果是未来的事情，我就一件也不能确定了。尽管如此，我还是将年表一直写到了四十岁左右。现在已经过了年表中的那个年龄，重新去看这个年表才发现竟没有一件事情如预期一样实现。

过去，工作定了的年轻人有时会说一想到要在现在的公司一直这样干到退休就觉得害怕。但是，当今时代，年轻人明显没办法再那么想了。他们有可能被解雇，公司本身也有可能会破产。或者，即使年纪轻轻，他们也并不知道什么时候就会突然病倒。那样的话，即使想工作可能也工作不成了。他们还有可能会自己突然下决心辞职。

　　为什么有人会觉得能够看得到人生的未来呢？那是因为人生往往只有微弱的光亮照进来。如果是在那样的微弱光照之下，明天也就能被看作今天的延伸，而将明天再进行延伸的话，就又同样可以得到新的一天。可是，我们何不试着为"当下的瞬间"打上一层强光呢？站在舞台上，在聚光灯下，观众席也会消失不见了。我们将那样的强光打向现在的自己，明天就会看不到了，或者说，我们要尽量选择一种不必过多考虑明天的生活方式。那样的话，我们就不会看到过去和未来。无论是本人还是周围的人，谁都无法预测其将来会成为一个什么样的人，这样的人就可以说是一个聚焦当下且认真生活的人。倘若能够像这样认真过好每一天，并留心发现"当下"之幸福的话，那些瞬间就会连成一个完整的人生。

　　思考自己现在处在人生的什么阶段，认为人生的折回点（中间点）还远，或者觉得人生已经过半，将出生和死亡分别看作人生的起点和终点，这种直线式看待人生的方式未必是审视人生的唯一方法。

　　那么，看待人生还可以有什么其他的方式吗？

看到事物的多面性

人走的路未必总是平坦大道，也会有山路或斜坡之类的崎岖道路。当然，有上就有下，人既会遇到比较轻松的漫步阶段，也会遇到一些宛若走在山脊之上看地面风景一样的攀登阶段。

尽管如此，大家也并不是以同样的速度走在平坦道路上。既有一些不怎么向前却爬得很高的人，也有一些不断走在较为平坦道路上的人。我并不是想说哪个好、哪个坏，可如果以这种走山路一样的活法为例来看的话，我认为山路或坡道的确是险峻，但也完全没有必要着急，踏实走稳每一步的过程中就蕴含着莫大的生存喜悦。也可以说，只有脚踏实地地走好每一步，大家才能爱上自己走的路。

再以登山为喻来思考，登山并非一种日常活动，因此，上下班时候追求效率之类的因素在登山中并没有太大意义。也就是说，登山时一般并不看重如何更快地爬到山顶。

两种运动

对于不直线式地去看待人生，我们还可以这样去看。例如，假设我们早上去学校，从家到学校之间的路上移动（运动），在尚未到达目的地这个意义上来讲，这属于一种未完成、不完整的行为活动。在此类情况下，重要的不是逐渐完成的"过程"，而是在多长时间内"完成"了多少事情。

还有一种与此不同的运动。例如，跳舞就是其中的一个例子。在跳舞的时候，跳动本身就具有意义。也许并没有人想通过跳舞这一手段去往什么地方。作为跳动的结果，也许有人会到达某一个地方，但一般不会有人以到达某处为目的而去跳舞。如果是以去往某处为目的，那么跳舞这一手段就不得不说太缺乏效率了。跳舞并非为了去往某地，跳动本身就是目的，每一刻的舞动都很完美。它与"从哪里到哪里"和"在多长时间内"之类的条件限定都没有关系。"逐渐完成的过程"本身就"已经完成了"。

旅行也是如此。可能有人会认为高效地到达目的地并在那里高效地参观一些旅游景点就是旅行，但在旅行的时候，到达目的地之前，从家里出去的那一刻起，旅行就已经开始了。可以说，到达目的地并非旅行的目的，旅途中的每一个时刻本身就是旅行。

那么，活着又是哪一种运动呢？是追求高效到达目的地的去上学之类的运动，还是旅行一样的运动呢？我认为是后者。因为，在我们的人生中，虽然不到达什么地方或者并没有抵达目的地，但我们可以说自己"活在"了每一个"当下"。

刚刚将去上学与旅行区别来看了，但即便不是去旅行，即使在去上学的电车中，我们也能暂时被车窗外的景色所打动，享受抵达学校之前的这段时光。倘若能够这样去想，往往容易陷入追求效率的日常生活也就不再日复一日单调地重复着。今天不是昨天的简单延伸，明天也不再是今天的枯燥重复。

我们有时会采用"如果……"之类的说话方式，比如如果毕业了、如果工作了、如果结婚了……。但是，这些假设也有可能并不会到来。

所以，我们更应该认为，即便有些事情实现不了，在抵达目标的过程中，活着本身就已经是一种"完成"。倘若能够这么看，即便是人生突然终结，我们也不会像人们常说的那样留下"壮志未酬身先死"的遗憾。当下并非彩排，当下就是正式演出。

相对于梭伦这句"人只要活着，任何人都称不上幸福"，我们也可以回答人的幸福并没有必要非得等到"盖棺定论"。

人生实苦

前面提到人生中既有平坦的道路也有山路或者坡道之类的险峻道路，但实际上也可以说只有险峻之路。人生有苦有乐或者只要活着就是好事之类的说法也并不真实。反倒是认为活着就是一种痛苦似乎更接近真实。可是，为什么痛苦却很难说清。人生中经历的许多常被认为很痛苦的事情有时也会因为理解方式的不同而被赋予一定的意义，它不再仅仅只是痛苦。

不过，我并不认为这个世界上发生的所有事情都有意义。我实在无法想出年纪轻轻就病倒之类的事情具有什么意义。因为，这都是一些极其不合理的事情。

我们并不知道为什么会发生那样的事情。也无法完全防止一些极不合理的悲惨事件发生。但尽管如此，我们还是具备超越苦难或不幸的力量和勇气。

并且，倘若发生的事件具有意义，当下的这个世界就会获得接纳或肯定。可实际上，这个世界充满了各种各样的恶。我们无法阻止自然灾害的发生，但也有人为能够改变的事情。

为了发挥出自身可以超越人生苦难的力量，我们需要尽可能地摈弃那种从过往之中找原因，并且耿耿于怀地追问为什么会发生这样的事情之类的做法，应认真思考今后应该做什么和能够做什么。

即便生活中发生的事情看上去与自己并没有直接关系，也还是要尽可能地想一想自己是否有什么能做的。《维摩经》中有一段释迦牟尼的弟子文殊菩萨探望病中维摩诘的情景。当文殊菩萨问此病缘何而起时，维摩诘回答："以一切众生病，是故我病。"也可以认为是因为其他人都在受苦，所以自己也要去经受同样的痛苦，此处要表达的是维摩诘无法做到对他人的痛苦置之不理而一心只想着自己的幸福。暂且不论他人痛苦之时自己能做些什么，是否认为那跟自己无关，其中就存在极大差异。

日本佛教学者铃木大拙一天在车站偶然看到一位行动不便的残疾青年时动情地说："这是大家的责任！我们不能坐视不理！必须做点儿什么，干点儿什么！"说此话的时候，他的眼中充满悲伤。对于铃木大拙来说，自己和他人无法割裂开来。

当然，这样的事情存在一定的限度，但也可以说正因为人生中发生的种种事情都不如己愿，所以人才能在那些痛苦中不断成长。给鸟造成阻力的空气不仅没有妨碍鸟的飞翔，还起到了一定的助力作用。

与其说人生原本就有意义，不如说是你在越过种种难关之后方才赋予了其意义。

亦有可为之事

对于不可抗力造成的事件，也许我们并没有办法防止其发生，但也确实有一些我们能做的事情。虽然可以说人的烦恼皆源于人际关系，但认为自己当下活得很艰难的人至少也可以想办法让自己不感觉那么痛苦。

不过，就像前面反复提到的一样，如果一味地拘泥于过去，认为是过去的事情造就了今天的自己，那么我们就很容易陷入困境。即便之前的事情已经无法改变，倘若能够转变自己今后看待世界的方式，以及与人相处的方法，那么围绕我们的人际关系就一定会发生相应的变化。

超越现实

为了促成那种变化的发生，我们需要尽可能地去超越现实。也就是说，我们不要一味地拘泥于自己当下状态并认为无可奈何。

现实并非一定正确。例如，我们并不能因为肚子饥饿就随心所欲地想吃什么就吃什么。谁都想要"善"，也就是希望对自己有好处，但究竟什么是"善"（有好处）并不由人的意志所决定。所处现实有时也会是离"善"最远的。现状与理想相一致的情况也许很少。思考应该如何生活并不是去追认现状，而是要去超越现实。所以，无论现实状况如何，我们都要去追求理想。

之前以情绪为例分析了人并非受情绪驱动，而是应朝向一定的目标。那种目标则作为理想或规范去引导人。

事后再对已经发生的事情进行解释，那叫事后逻辑。情绪化地去批评孩子的父母总是能够为自己的做法找出一些理由。一个国家与其他国家发生战争的时候往往也会举出一些大义名分。其实是先有想要发动战争这一目标。为了将战争正当化，再于事后（也就是决定发动战争之后）搬出一些大义名分。真正需要做的是认真探讨发动战争是否是"善"（有好处），但事后逻辑往往并不做这样的探讨，而仅仅是事后不加批判地将已经决定的事情正当化。

在心理学领域也是一样，单单对现状进行事后解释的心理学仅仅只是去追认现实，所以并不具备改变现实的力量。心理学如果仅仅止于聚焦过去分析原因，继而认可当前状态的话，那样的心理学也许并不具备改变人的力量。

真实地活着

在超越现实的同时，不迷失与现实之间的联系也很重要。前面已经讲到了即使不到达某处或者不等抵达目的地也要认真"活在"每一个"当下"那样的生活方式。也就是不要认为只有实现了什么，真正的人生才会开始。如前所述，当下并非彩排，而是正式演出，因为并没有当下之外的正式演出。活在"如果……"那样一种可能性之中，往往就会使我们迷失于与现实之间的联系中。

并且，即使我们的大脑中思虑得再多也无济于事，这只会延迟问题解决。前面已经讲到，苦恼的目的是不去解决课题。希望大家停止苦恼，认真思考当下能做的事情。重要的是当下能做些什么，束手等待的话往往就会错失良机。

人在做什么事的时候往往会先确立一个目的，但那种目的并非一定要指向未来。即便是将目标设定在未来，抵达目标之前的过程中的生活既不是实现目标的手段也不是未完成的生命。

这一点与人应该具有作为理想的目的、目标并不矛盾。可以说，活在当下是一种水平式的角度，而通过作为理想的目的、目标而努力超越现实则是一种垂直式的视角。为了实现这种理想，我们只能从当下开始做起。

同样，一味地聚焦过去，往往就会使我们迷失于与现实之间的联系中。因为，过去已经无法挽回。或许也会有人说正因为有过去才会有现在。也会有人说即便生活方式是自己的选择，也是在下意识的情况下做出的选择，那种事情现在都已经不记得了。尽管如此，我们还是能够决定今后怎么做，不要什么都不做地站在原地消极等待，要朝着某个方向且尽可能朝着能够幸福生活的方向，勇敢地迈出自己的步伐。但遗憾的是，并没有适合所有人走的通用之路。

生存喜悦

不要用"如果……"之类的说法延误人生，而是要活在当下，努力捕捉每一个瞬间，但也不能因此便时常活在一种令人窒息的紧张状态之中。

有"出生和死亡都无法由自己决定"的观点。但是，对于人来说，最幸福的事就是开心愉快地活着。

为了能感受到生存的喜悦，首先我们必须认真生活。但是，认真和沉重是两码事。即便因为某事失败了而心情沉重，据此也根本无法挽回失败。即使不可能完全恢复原状，尽可能地努力恢复原状就是对失败负责。如果伤害到了某人，或许还需要我们诚恳致歉。同时，认真思考如何不再犯相同的错误也很重要。失败一次也许还可以，但反复犯同样的失误或许就有问题了。也有些工作，一次失败就可能会造成致命损失。要认真做事以免失败，但如果心情太过沉重，我们往往就会将害怕失败作为逃避面对课题的借口，继而无法向前发展。

倘若过度关注容易剥夺生存喜悦的过去和未来，我们常常就会追悔过去。已经说出去的话无法收回。可遗憾的是有些不小心说出口的话往往会伤害别人。那种时候也许就只能诚恳致歉了，虽然我们并不知道是否能够获得原谅。即使说过去已不复存在，但过去做过的事情也不会一笔勾销。因此，与其有工夫后悔，倒不如做一些当下能做的事情。英国的思想家、历史学家卡莱尔花了几十年写的书稿被投入壁炉中烧掉了。虽然不是他自己干的，但他还是非常沮丧。因此，他连续十天都精神恍惚，但他还是鼓励自己。内村鉴三这么写卡莱尔用来鼓励自己的话（《给后世的最大遗产》）：

"托马斯·卡莱尔，你是个愚人！你所写的《革命史》并没有那么可贵。最可贵的是你克服这种困难再次拿起笔将它重新写出来的勇气，那才是你真正了不起的地方。实际上，因为这种困难便一蹶不振的人所写的《革命史》，即使拿到社会上也没有什么用。所以，拿出勇气，再重新写一次吧！"

我们一想到未来常常会感到不安。但是，我们现在所做的只是对未来的想象。因此，即便再怎么细致地去想象，未来也绝不会按照我们的想象去发展。并且，认为未来一定会有坏事发生的人之所以那么想，是有一定目的的，那就是借此逃避人生课题。

例如，往往会给我们的人生投下阴影的死亡是否一定非常可怕，实际上只有面对死亡时才能够知晓。可是，如果断定其非常可怕，那用第一章中苏格拉底的话说或许就是明明不知道却自认为知道。虽然我并不认为探知死亡毫无意义，也不清楚年轻人当前是否对死亡抱有浓厚的兴趣，但我认为死亡只有到那一刻才能知晓其究竟是怎么回事，并且死亡是怎么回事并不会影响当下的生活状态。我并不是在劝大家无视死亡。有时，我们会发现与人见面之后并未约定下次见面的事情。这就是一种彻底活在当下以至于不必去考虑"下次"也就是未来之事的证据。倘若如此充实地过好当下，包括死亡在内的将来之事就不会那么在意了。

这个世界绝不是一个理想化的世界，也会有一些不愉快与不合理的事情。人人都无法避开那些事情。但是，那些事情也不会剥夺人的生存喜悦。

即便如此，我还是希望大家尽力让世界变得更加美好。就最狭义的范围来讲，世界就是你与他人之间构筑的一种关系。希望大家从这一点出发，进而将目光投向更大的世界。因此，不要等待或期盼他人为自己做些什么，而要积极发现我们能做的事情。在思考如何逃避那些我们原本无法避开的人生课题期间，我们根本无法感受到生存喜悦。也有很多无法轻松解决的事情，并且那些事情在多数情况下会令我们感觉很痛苦，但当勇敢面对它们的时候，我们心中反而会涌起生存喜悦。

我在学生时代学法语时曾经学到英语中所没有的部分冠

词，这种冠词往往接不可数名词。例如，勇气（courage，发音不同，但与英语中的勇气是同一个词）就表达为 du courage。我清晰地记得法语老师将这解释为"些许的勇气"。做事需要"些许的勇气"，而这些许的勇气则一定会改变我们的人生。

后　记

诗人伊藤整写道：

"我开始感觉自己不再是孩子了，是在进入位于小樽市可以俯瞰到港口的半山腰上的高等商科学校之后。"（《年轻诗人的肖像》）

我生长在没有海的地方，因此，对可以俯瞰到港口的学校感到憧憬。觉得自己不再是孩子了，这似乎代表心情非常激动，也是一种踏入未知世界的不安吧。

但是，残酷的现实和对人生丧失信心的冷漠的成年人常常会挡住那些满怀希望地憧憬着梦想与理想并决心要认真生活的年轻人的去路。哲学家三木清在《不可言说的哲学》这本书中写到"通达世故的聪明人"曾貌似热情地说："你是一个爱做梦的空想家。那些梦势必会在绝望中破灭，所以，再现实一些吧！"

空想家就是"爱做梦者"之意。三木清对此做出的回答，我一直记得，并且如果有人对我说那样的话，我也想要做出同样的回答："我什么都不懂。我只想以一颗纯真的心一直做梦。"

"现实"这个词，我在书中的确也使用过，但那不同于"通达世故的聪明人"所使用的意思，这一点读过本书的人应该能够明白。年轻人也不可以听从那些对人生丧失信心和热情的成人所说的丧气话。

我在本书的一开始便思考了性格，分析了那并非心中的问题，而是人际关系方面的问题。正文中也已经写到了，我们的烦恼甚至可以说全都是人际关系方面的问题。

有时候，起初准备随时分开的蝴蝶结（活结）式的二人关系不知不觉间便成了死结一般错综复杂的关系。但是，我们又不能像马其顿国王亚历山大那样挥剑将其斩断。解开线团很麻烦，并且费时间。人生中的许多问题都不能简单地下结论。即使纠缠在一起的线团，如果想要漫无头绪地胡乱去解，也会变得更加错综复杂。可是，如果我们找到了解开线团的方法，即便会费些时间，最后也一定能够解开。

本书一开始也写到了，虽然说起来有些麻烦，但心理学或哲学所处理的问题本来就有一定的难度。不过，也并不是因为有难度就无法弄明白。可如果不明确的话或许就无法弄懂。因此，我在撰写的时候尽量使用简单的语言来阐述。希望本书所写内容多少能够帮助你增加各个方面的勇气，并下定决心勇敢地面对自己人生中的诸多课题。

本次依然要感谢为我提供出版机会的 ARUTE 的市村敏明先生。